高海拔矿山

掘进工作面通风增氧技术和装置研究

李孜军 李明

编著

中南大学出版社
www.csupress.com.cn
·长沙·

内容简介

　　本书针对高海拔地区金属矿山局部作业面存在的低压、缺氧的安全生产问题，从矿井局部加压通风、个体供氧、人工增氧的角度出发，采用理论分析、仿真模拟与实验研究相结合的方法，研究了风帘、风门、空气幕等几种局部加压增氧方式的实际效果；研究了所提出的两种不同个体供氧装置的供氧性能，并对其参数进行了优化设计；自主研制了一种矿用可移动式人工增氧装置，并开发了配套的软件控制系统，可实现无线数据采集和自主调节装置运行参数的功能，为有效解决高海拔地区金属矿山局部作业面缺氧问题提供了解决思路和实现途径。

　　本书内容属于金属矿山通风与安全、职业卫生工程等相关应用领域，可供从事矿山通风，以及隧道、地下工程通风等相关领域的研究人员、高校师生和工程技术人员参考。

作者简介

李孜军 博士，教授，博士生导师，中南大学资源与安全工程学院副院长，全国非煤矿山安全生产专家，国家一级安全生产培训机构培训师，兼任应急与安全产教融合联盟常务理事、全国高校安全科学与工程院长联合会副主席等职。主要从事矿井通风、矿山火灾防治、粉尘控制理论与技术、矿山热害治理、安全管理等方向的科研和教学工作。主持或主要参加国家自然科学基金项目、国家重点研发计划课题、国家科技支撑计划项目、省市基金项目、校企合作项目等科研课题40余项，其中有10余项成果获省、部级奖励。发表论文100余篇，出版专著教材7本，授权发明专利20余项，主讲矿井通风与空气调节、工业通风与空调、环境工程、粉尘控制理论与技术、安全管理工程、职业卫生及工程等多门本科生、研究生课程，先后培养博士、硕士研究生50多名。

李 明 男，1979年生，湖南怀化人，博士，副教授，博士生导师。2002年中南大学采矿工程本科毕业，2005年获安全技术及工程硕士学位，2009年获工学博士学位，2013年前往澳大利亚昆士兰大学开展访问合作研究，主要从事矿山通风与安全、粉尘防治理论与技术方面的研究工作。目前主持国家级科研课题3项，承担国家级科研课题5项和企业合作科研项目3项；已发表论文20余篇，出版学术专著2部，获省部级奖励5项，授权发明专利5项。

■■■■ 前 言

　　金属矿产资源是我国的主要战略矿产资源，保障与提升我国金属矿产资源安全水平是从事金属矿产资源开发与利用领域的紧要任务，是国家发展战略的要求。

　　近年来，我国社会经济高速发展，中东部低海拔地区大部分的金属矿产资源都已得到开发与利用。近年来我国金属矿产资源开发已逐步转向西部、高海拔地区。我国西部地区地域宽广，据不完全统计，其总面积约占全国可利用矿产资源分布面积的70%，约占全国矿产资源分布面积的四分之三。因此开发西部、高海拔地区的金属矿山资源是保障我国资源安全的重要战略目标。但高海拔地区矿山资源开采存在低气压、缺氧、低温等恶劣的自然环境问题，因此开展金属矿山局部通风调控技术与装备研究具有重要战略意义及实际应用价值。

　　本书针对高海拔地区金属矿山局部作业面存在的低压、缺氧的安全生产问题，从矿井局部加压通风、个体供氧、人工增氧的角度出发，采用理论分析、仿真模拟与实验研究相结合的方法，系统研究了风帘、风门、空气幕等矿井局部加压增氧方式；研究了两种不同个体供氧装置的供氧性能，研制了一种矿用可移动式人工增氧装置，为有效解决高海拔地区金属矿山局部作业面缺氧问题提供了解决思路和实现途径。

　　本书共由11章内容构成，第2章至第5章分别研究了风帘、空气幕、风门和环形空气幕对金属矿井局部的增压增氧效果；第6章至第7章研究了矿井局

1

部加压通风的增氧效果及其参数优化;第8章提出了两种不同的矿井作业人员个体供氧方法与装置,通过仿真模拟和实验研究获得了个体供氧装置的最优参数;第9章至第11章研制了一种矿用可移动式人工增氧装置,并开展了参数优化与实验研究。通过上述研究工作,针对金属矿井局部作业面面临的高海拔缺氧的问题,提出了增阻增压增氧、加压通风、个体供氧和人工增氧四种不同思路的通风技术解决方案。

本书内容主要来自作者及课题组老师指导的研究生黄义龙、费旭东、李蓉蓉、蒋民凯、赵淑琪等人的学位论文,也包括了宋品芳、张念辉、徐宇等研究生做的一些研究工作。课题组黄锐、王从陆、潘伟、廖慧敏等老师也为本书的研究工作做了许多贡献。在此,作者对他们为本书所做出的重要贡献表示衷心感谢!

本书的出版得到了国家重点研发计划"高海拔高寒地区金属矿山开采安全技术研究与装备研发(2018YFC0808404)"的资助,也得到了项目合作单位中国矿业大学(北京)、中国安全生产科学研究院、武汉理工大学、中国恩菲工程技术有限公司、云南迪庆有色金属有限责任公司和青海山金矿业有限公司大力支持和帮助,在此特别表示感谢。

最后,还要衷心感谢本书所引用的参考资料的所有作者,感谢编辑出版人员对本书出版所付出的辛勤劳动。

受作者水平和能力所限,书中难免存在疏漏与不妥之处,恳请读者批评指正。

作者

2023 年 10 月

目 录

第 1 章
绪　论

　　近年来,随着社会的不断发展,矿产资源开采工作在我国保持着高强度状态。随着矿产资源需求量不断增加,位于我国中东部地区的金属矿产资源逐渐难以满足社会发展需要,由此对金属矿产资源的开采目标也转向西部高海拔低气压地区。

1.1　研究背景及意义

　　目前针对西部高海拔低气压地区金属矿产资源加大开采力度原因有以下几点:首先,西部地区地域宽广,其总面积大约占全国可利用矿产资源分布面积的 72.3%,约占全国矿产资源开采面积的四分之三,为金属矿产开采提供较大区域;其次,具备大开采面积的同时,西部高海拔地区矿产资源也较为丰富,尤其是化工领域矿产及能源领域矿产,它们在西部高海拔地区分布也较为集中,这些因素都为西部大开发工作提供了非常优良的自然条件。此外,矿产资源在我国西部高海拔地区种类繁多,目前已有大约 140 种矿产资源被探明储量,其种类大约占目前我国已知矿产资源种类的 90%,这也进一步为矿产资源进行相关发掘和研究提供坚实基础和有力支撑。

　　以 2018 年全国范围内和西部高海拔地区主要金属矿产资源储备量为例,如表 1-1 所示。从表中可以看出,目前在全国范围内超过 60% 的矿产资源分布在西部高海拔地区,尤其是位于西部高海拔低气压地区的金属矿产资源,占比均超过全国范围内金属矿产资源的 55.5%。此外,目前我国锡和天然气资源的开发和利用大约 80.2% 来源于西部高海拔地区,同时超过全国七成的铝与锌等金属矿产资源来源于西部高海拔地区。

表 1-1　2018 年全国范围内和西部高海拔地区主要金属矿产资源储备量

矿产资源名称	西部高海拔地区/万 t	全国范围/万 t	百分比/%
铜	1457.8	2622.1	55.6
铅	1616.6	1881.6	85.9
锌	3683.3	4433.1	83.1
铝	72986.3	100256.3	72.8
磷	20.2	36.4	55.5
硫铁	73616.3	127806.1	57.6

因此，根据上述有关资料分析可知，西部高海拔地区丰富的矿产资源作为我国社会和经济发展的有力保障，支撑我国又好又快发展，毫无疑问，对我国西部高海拔地区矿产资源进行进一步开发利用意义重大。从长远角度看，它不仅促进我国西部高海拔地区矿产资源的开发与利用，加快西部高海拔地区的发展，增加经济收入和提高当地人民的生活水平，同时也能为全国范围内社会的重、轻工业发展提供有力的资源保障，将矿产资源优势真正转化为社会和经济发展的优势，改善生活环境，提高人民群众生活质量，促进社会和谐与高质量发展。

综上，鉴于西部地区矿产资源丰富，可在较大程度上满足目前我国社会和经济发展的资源需求。因此加快我国西部高海拔地区矿产资源的开发与利用也是当前我国资源开发利用的发展趋势。

我国西部地区矿产资源较为丰富，但大量矿产资源地处高海拔低温区域，在矿产资源开采和利用过程中受到高海拔低气压条件的制约，也给矿产资源开发工作造成了巨大困难。特别是高海拔地区的低温、低压和缺氧，导致机械作业效率降低、工作人员在生产过程中出现缺氧等问题，这在很大程度上限制了我国西部高海拔地区矿产资源的安全高效开发利用工作。

根据文献调查和现场考察资料，低温造成的影响不仅会降低矿山井下工作人员的作业状态和效率，也会大大缩短井下工作人员的作业时间。同时低温也会在较大程度上降低井下矿产资源开采机械设备的正常运转，使之易出现故障，降低工作时间和工作效率。此外低气压因素也会使井下通风效果减弱，恶化井下工作人员的作业环境，长时间在井下作业会对身体造成较大程度的损害。这些因素也会对矿产资源的开发与有效利用造成很大程度上的困难。以

2020 年的气温为例，云南省迪庆藏族自治州气温低于 0℃的有 5 个月；从全年平均气温来看，最高平均气温出现在 7—8 月，仅为 11℃；最低平均气温出现在 12 月至次年 1 月，最低为-20℃，温度总体较低，不适于人们生活，如图 1-1 所示。

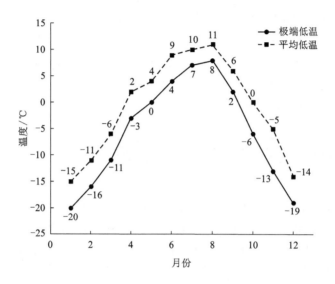

图 1-1　云南省迪庆藏族自治州 2020 年极端低温与平均低温

与低温造成的恶劣作业环境条件相比，低压和氧气供应不足导致的工作人员缺氧、机械设备工作效率降低的问题更加突出。这是目前高海拔地区矿山开采过程中面临的最主要安全问题，也是西部高海拔地区矿产资源开采过程中必须有效解决的重大生产难题。高原地区大气中氧气体积分数为 20.95%，氧气质量分数为 23.24%。虽然氧气体积分数不会随着海拔的升高而发生变化，但随着海拔升高，大气密度降低明显，大气中的氧分压降低，导致作业人员和内燃机械缺氧等问题。这会严重影响作业人员的工作时间和工作效率，同时也会造成井下工作机械设备效率的降低，严重制约高海拔地区金属矿产的开采和生产。因此，提高高海拔高寒地区矿井局部工作面的通风压力，提高单位体积氧气质量，以此提高氧分压，满足高海拔地区低气压条件下金属矿山作业人员和机械设备氧气供给需求，对改善矿井的作业环境显得十分重要。目前对高海拔低气压地区金属矿井掘进工作面进行局部增压或增氧的方式是解决高海拔地区缺氧问题最为常见的应对方法。目前增压方式所需设备较为复杂，如高压氧舱等，此类增压技术较难普及和推广，限制了使用场景。与此同时，人工增氧技术目前在隧道通风及航空等领域都有着较为成熟的运用，借用此种方法对金属矿井进行通风和人工增氧具有非常重要的参考价值。

为解决高海拔地区金属矿井掘进工作面存在的低压缺氧问题，对高海拔高寒地区金属矿井从矿山通风等主要影响因素角度进行优化研究，采用理论分析、室内实验、软件仿真模拟和现场实验相结合的方法，开展了高海拔地区金属矿井局部作业面的氧气调控研究工作。这对改善矿山人员工作环境、保障人工作业安全，实现安全、高效的金属矿井地下采矿作业，增加有效工作时间和提高作业生产效率，提高高海拔低气压条件下金属矿井人工增氧的安全性与可靠性，具有十分重要的意义。

1.2　高海拔地区大气气候条件主要特征

高海拔地区的气候特点与平原地区具有明显的不同，主要表现在大气绝对压力低、单位体积的氧气含量低、气候干燥寒冷和太阳辐射强等方面。大气压力随海拔的不同而发生变化，大气中的各种组分气体的分压也随海拔的不同而发生变化，即随海拔的升高而逐步降低。气温随着海拔的升高而逐渐下降，一般每升高 1000 m，气温下降约 6℃。由于高海拔地区大气压力低，水蒸气压力亦低，空气中水分随着海拔的升高而递减，一般海拔越高大气越干燥。高海拔地区空气稀薄，尘埃和水蒸气含量少，大气通透性要比低海拔地区高，一般太阳辐射透过率随海拔升高而增大。

一般情况下，大气压力随海拔的升高而减小。在平原地区，海拔每上升 100 m，大气压力减小 1.3 kPa；在高海拔地区，海拔每上升 100 m，大气压力减小 0.99 kPa。大气压力的计算公式：

$$p = p_0 \cdot \exp\left(-\frac{Mgh}{R_0 T}\right) \tag{1-1}$$

式中：p 为当地平均大气压力，Pa；p_0 为海平面处的大气压力，取 101325 Pa；h 为当地海拔；M 为空气的摩尔质量，29 kg/kmol；g 为重力加速度，9.8 m/s^2；R_0 为通用气体常数，取 8314 J/(kmol·K)；T 为空气温度，取 293 K。

矿井空气的密度与温度、压力和湿度等因素有关，考虑到矿井空气比较潮湿，且湿度难以准确测定，一般可按照下列公式近似测算矿井空气密度。

$$\rho = 0.003484 \frac{p}{273+t} \tag{1-2}$$

式中：ρ 为空气密度，kg/m^3；t 为空气温度，℃。

在标准大气状态下（$p_0 = 101325$ Pa，$t = 0℃$，$\varphi = 0$），干洁空气的密度为 $\rho_0 = 1.293$ kg/m^3；在标准矿井空气条件下（$p_0 = 101325$ Pa，$t = 20℃$，$\varphi = 60\%$），空气的密度为 $\rho = 1.2$ kg/m^3。

由于大气压力随海拔升高而减小，空气的氧分压下降，空气密度变小，单位体积所含氧气的质量也相应减少。其中，空气中氧气体积分数（20.95%）和质量分数（23.24%）基本不变。大气氧含量（单位体积空气中氧气的质量）的计算公式为：氧含量=空气密度×氧气质量分数。以海拔 0 m 的大气氧含量百分比为标准，则大气压力及空气密度随海拔的变化规律如图 1-2 所示。

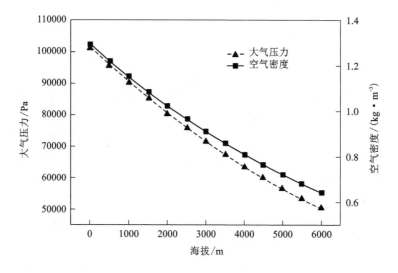

图 1-2　大气压力及空气密度随海拔的变化

1.3　低气压环境对矿井安全生产的影响

高海拔气候对人体生理功能影响最大的因素是低气压、低氧含量。当空气中的氧含量降低时，人体就可能产生不良的生理反应，出现种种不舒适的症状，严重时可能导致缺氧死亡。人体缺氧症状与空气中氧浓度的关系如表 1-2 所示。

表 1-2   作业人员不同程度缺氧的主要表现

大气氧含量百分比/%	大气氧含量/(kg·m⁻³)	主要症状
66~76	0.175~0.210	呼吸加深加快、脉率增速、脉搏加强、血压升高、肢体协调能力稍差
48~66	0.123~0.175	疲乏无力、精神不集中、反应迟钝、思维紊乱
29~48	0.079~0.123	头晕、头痛、恶心、呕吐、意识模糊
≤29	≤0.079	心音低钝、脉搏微弱、血压下降、呼吸停顿、抽搐、瞳孔扩大,继而心跳呼吸停止、死亡

高海拔气候除了会对作业人员的健康产生负面影响,还会对矿井生产产生许多不利影响:

(1)高海拔地区施工的各类机械,其发动机功率、牵引特性、加速及爬坡性能、小时作业率下降很多,并存在燃烧不充分、加速磨损、排放严重超标等隐患。

(2)高海拔的特殊条件引起设备性能改变,使得机械设备的冷脆性增加,密封件及橡胶管件的耐久性、抗破损性降低,传动油和润滑油黏性增加。

(3)电器产品适应性降低,产品散热能力下降,外绝缘强度降低,电器使用寿命缩短。

(4)高海拔矿井通风机,其工作参数如风量、风压、功率等在高海拔地区存在严重的降效问题,都随海拔的升高而降低。

1.4   矿井采场增阻增压增氧效果研究

大气压力低、空气稀薄是高海拔地区缺氧的根本原因,理论上只要将矿井大气压力提升至低海拔水平,氧分压就能恢复到正常水平,矿井作业面等区域的缺氧问题就迎刃而解。因此提高矿井作业面的大气压力,提高大气氧含量,是解决高海拔地区矿山开采低压、缺氧的重要方法。由于地下矿井结构复杂,同时需要持续通风换气,不可能做到完全密闭,为此只能聚焦矿井局部作业面的通风增氧目标,提出矿井作业面局部增压通风与人工增氧技术相结合的技术方案。

针对地下金属矿山复杂的通风网络,对矿井通风网络系统进行了简化。一般大型地下金属矿山的通风网络简化如图 1-3 所示，以需风作业面为核心，利用主通风机将风流输送到矿井需风作业面。在风流进入作业面之前，通过采用局部通风机对新鲜风流进行二次加压，实现增加矿井需风作业面大气压力的目的。

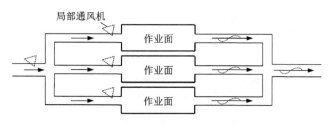

图 1-3　大型地下金属矿山的通风网络简化图

通常在矿井需风作业面进风口处设置局部通风机来进一步增大作业面的大气压力，但局部通风机常常只能提高作业面的空气流速和换气率，很难提高作业面内的大气压力。因为矿井作业面的通风阻力一般比较小，整体加压效果有限。为实现矿井作业面内大气压力得到有效提高，可以采取在出风口设置调节风窗等增阻方式来提高作业面内的大气压力，使经过局部通风机加压后的部分风流动能转为通风势能，增加需风作业面的大气压力。如图 1-4 所示，通过在进风段采用加压风机、回风巷设置增阻设施来实现作业面增加大气压力的目的。

图 1-4　增阻增压

这里以云南普朗铜矿的 3600 m 进风平硐为例，其采用加阻调节的局部增压方式，采场作业面需要增压达到海拔 2800 m 时的水平，普通的单个风机不能满足采场局部增压的要求；在矿井设置主通风机的情况下，输送到采场作业面的大气压力可以比 3600 m 处提升约 1956 Pa，采场局部增压需要提升的大气压力为 71359.8 Pa-64558.0 Pa-1956 Pa=4845.8 Pa。设置主通风机加压后，在采场进风口设置局部通风机，并通过设置调节风窗增加通风阻力，使得采场作业面的大气压力得到有效提升。

随着海拔的升高,空气中氧气体积分数(20.95%)和质量分数(23.24%)基本不变,大气压力减小,空气密度变小,单位体积所含氧气的质量则相应减少,空气中氧含量=空气密度×氧气质量分数。为了便于氧含量对比,本书基于标准矿井空气条件下(p_0=101325 Pa,t=20 ℃,相对湿度=60%)的氧含量,定义海拔 h 处空气氧含量百分比=海拔 h 处空气氧含量/标准空气条件氧含量×100%。分析得到20℃时不同海拔处的大气压力、密度、氧含量及氧含量百分比,如表1-3所示。

表1-3 大气主要参数随海拔的变化

海拔/m	大气压力/Pa	大气密度/(kg·m⁻³)	大气氧含量/(kg·m⁻³)	大气氧含量百分比/%
0	101325	1.205	0.279	100
1000	90167	1.072	0.248	88.99
2000	80238	0.954	0.221	79.19
3000	71403	0.849	0.197	70.47
4000	63540	0.756	0.175	62.71
5000	56543	0.672	0.156	55.8

根据普朗铜矿作业面的实际尺寸,将进风和回风巷道断面简化为高2.5 m、宽3.0 m的矩形,模拟巷道的长度各为5.0 m。采场简化为长方形,长度为30.0 m,宽为15.0 m,采场回风调节风窗断面设置为回风巷道断面的1/4。建立的简易的数值验证模型如图1-5所示。

图1-5 采场通风增阻模拟模型

图 1-5 中的模拟模型左侧为进风段，右侧为回风段。选用 $k\text{-}\varepsilon$ 模型，进风口设置为海拔 3600 m 处的大气压力，空气密度为 823.88 g/m³。通过迭代 1000 次后得到大气压力分布和氧含量百分比分布结果，如图 1-6 所示。

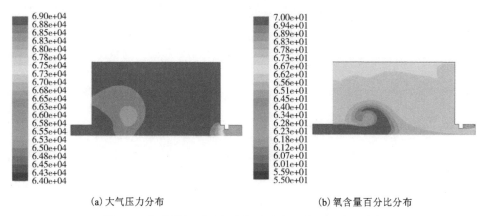

(a) 大气压力分布　　　　　　　　　　(b) 氧含量百分比分布

图 1-6　加压增阻后采场大气压力和氧含量百分比分布

从图 1-6(a)可以看出，采场的大气压力分布比没加压之前有了较大提升，调节风窗后气压有所下降。由于采场内大气压力提升，空气流场稳定后，氧含量由海拔 3600 m 处的近 60% 提升至约 67.5%，特别是进风段附近表现更为明显，如图 1-6(b)所示。这表明对气流回风段断面进行缩小可以增加采场内的大气压力，同时使得采场内氧含量有所提高。将所获模拟数据进行整理后可获得如图 1-7 所示结果。

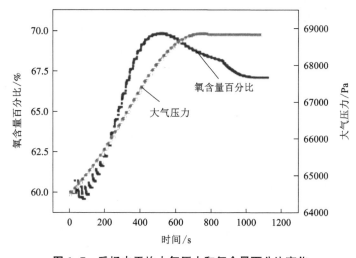

图 1-7　采场内平均大气压力和氧含量百分比变化

由图 1-7 可以看出，气流稳定时采场内的平均大气压力约为 69 kPa，采场内大部分区域大气压力提升约为设定目标值的 80%。采用局部增压的通风方式对采场进行增压通风，通过调节风门和风窗来控制采场进、回风段的断面面积，可以有效改善作业面的低压缺氧问题。

第 2 章

矿井掘进作业面风帘增压增氧效果研究

　　地下矿井独头巷道掘进作业面的通风方式分为压入式、抽出式和混合式。抽出式通风采用负压把作业面的污浊空气通过通风机排出，保持作业面区域的空气达到规范要求。由于抽出式通风会导致高海拔地区的低气压进一步降低，使矿井作业面的低气压环境更加恶劣，一般高海拔地区矿井不宜采用抽出式通风方式。混合式通风是采用通风机把新风输送到需风作业面，同时用通风机将回风抽出作业面的通风方式。混合式通风一般需要配备两套通风设备，使用成本高，操作管理较为复杂。相比压入式通风，混合式通风能够调控压、抽压力比，但对作业面的大气压力的提升效率要比压入式通风低。

　　压入式通风是通过风机将新风压入需风作业面，通过正压作用把作业面的污风排出的一种通风方式。其通过压入新风稀释、排出有毒有害气体、粉尘和调节温湿度，改善作业面的工作条件。其典型工作方式如图 2-1(a) 所示。

　　压入式通风局扇的布置位置一般应距离掘进巷道口 10 m 以上，且应在巷道进风侧一端。工作时风流沿巷道壁从风筒射出后形成贴壁射流，射流断面由于卷吸作用逐渐扩张，直至达到最大值，此段称为扩展段；其后射流断面受到阻力作用逐渐减小，最终为零，此段称为收缩段。贴壁射流的有效射程为扩展段和收缩段之和。研究人员将整个压入式通风过程分为稳压段、需压段、憋压段及释压段四个阶段，如图 2-1(b) 所示。为了有效提高作业面区域的大气压力，可通过控制风阻来调控压力，例如减小作业面区域的稳压段的巷道风阻，增加憋压段巷道的风阻。为了避免形成循环涡流风，风筒出口到掘进作业面的距离必须小于风筒的有效射程，一般不应超过 10 m，通风量不应超过 0.7 倍的掘进巷道风量。压入式通风安全性较高，能较快地排出工作面的粉尘和有害气体，比混合式通风更能节约经济成本，并能增加作业面区域的大气压力，在一定程度上能改善高海拔矿井的低气压问题。综合安全性、简便性、经济性、通风效果等因素考虑，本研究优选压入式通风方式来研究掘进作业面局部增压问题。

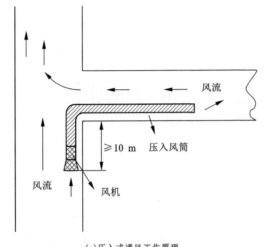

(a)压入式通风工作原理

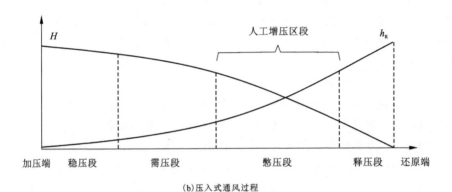

(b)压入式通风过程

图2-1 压入式通风工作原理与过程

  矿井通风中用于调节风流以实现增阻增压的井下设备和设施包括风门、风帘、风窗、风桥等，一般设置在车辆、人员通行较少的位置。对于主要通行巷道和掘进作业面，若采用上述设备、设施进行风流的调控，易导致人员通行不便、运输阻塞等问题，同时也会造成设备、设施维护困难、日常管理复杂等。本研究采用增阻的移动式风帘，采用推拉式、可自由调节宽度等方式，沿固定滑轨随掘进作业面不断向前推进。

2.1 实验测试方案设计

实验地点为中南大学地下工程实验室,所选取的矿井通风实验巷道长 30.0 m、宽 3.0 m、拱高 2.3 m,断面面积约为 6.30 m²。

2.1.1 主要实验测试仪器

实验所采用的局部通风机为矿用隔爆对旋轴流风机,工作风量为 190～250 m³/min,工作全压为 600～3200 Pa,电机功率为 2×7.5 kW,采用外部变频器来控制电机的输出功率。采用 KM9206 烟气分析仪测量氧气浓度,其测量精度为 -0.1%～0.2%,测量范围为 0%～50%,分辨率为 0.1%,过载保护为 50%。采用 AR826⁺风速仪测量风速。测试仪器实物如图 2-2 所示。

(a) KM9206烟气分析仪　　　　　　　　(b) AR826⁺风速仪

图 2-2　实验测试主要仪器

氧气流量采用带阀门的 LZT-10T16M-V 管道式流量计进行测量,介质为空气,测量范围为 1.6～16 m³/h。室内实验采样 40 L 的标准钢瓶供氧,实验氧流量控制为 2.0 m³/h。

2.1.2 通风供氧实验平台

通风供氧系统主要由气瓶柜、氧气钢瓶、流量计、变频器等构成,通风供氧系统各部分连接如图 2-3 所示。

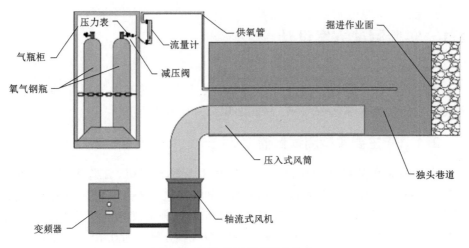

图 2-3 实验通风供氧系统连接

氧气钢瓶通过流量计与供氧管连接，氧气经流量计进行计量后到达供氧管内，再由供氧管输送至需氧作业面，通过氧气钢瓶的阀门与流量计配合来调节氧气流量。采用变频器来调节实验局扇的运行功率，通过直径 600 mm 柔性风筒将含氧风流直接输送到作业面。实验装置的主要参数如表 2-1 所示。

表 2-1 实验通风供氧系统主要参数

参数	尺寸	参数	尺寸
实验巷道段长度/m	30.00	风筒出口平均风速/(m·s⁻¹)	5.56
实验巷道高度/m	2.30	供氧管直径/m	0.01
实验巷道宽度/m	3.00	供氧管出口与掘进作业面距离/m	5.00
巷道断面面积/m²	6.30	供氧管出口离地高度/m	1.80
压入式风筒直径/mm	600	氧气供应量/(m³·h⁻¹)	2.00
风筒出口与掘进作业面距离/m	8.00/10.00	风帘宽度/m	0.80/1.60/2.40
风筒中心离地高度/m	0.30/1.20/1.90	风帘与掘进作业面距离/m	12.00

按照《金属非金属矿山安全规程》(GB 16423—2020)将局扇风机及其附属装置安装在距离实验巷道口 10 m 以外的进风侧，且风筒出口与工作面的距离不超过 10 m。

2.1.3　实验测试主要步骤

为研究矿井局部增压对掘进作业面氧含量的影响规律，具体实验步骤如下。

(1) 计算氧气流量、通风量、氧气流速和压入式风筒风速，将供氧管出口位置固定在实验巷道水平中心、离掘进作业面 5 m、离地高度 1.8 m 处，并在离掘进作业面 12 m 处安装好风帘，实验布设如图 2-4 所示。

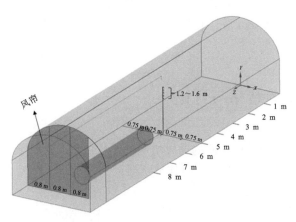

图 2-4　掘进作业面增压增氧实验方案

(2) 在距离掘进作业面 1 m、2 m、3 m、4 m、5 m、6 m、7 m、8 m，离地高度 1.2 m、1.3 m、1.4 m、1.5 m、1.6 m，离巷道左侧 0.75 m、1.5 m、2.25 m 处用红胶带和标杆标定好各个测量点，共计 120 个测量点，如图 2-5 中圆点所示。

(3) 在不进行机械通风和供氧的情况下，检测到所用实验巷道各个测量点处的氧气体积分数为 20.85%，其对应的质量分数为 23.14%。将质量分数相对提升 5% 作为预设值(24.30%)，对应的体积分数为 21.93%。

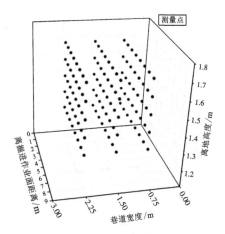

图 2-5　各测量点分布

(4)调节变频器和氧气流量，用风速仪校准氧气流速和风筒的风速；将风筒置于巷道底板并与右侧壁面相切处；整个通风供氧系统稳定运行 5 min 后开始检测各个测量点的氧气浓度，并记录实验数据，各测量点间的测量时间间隔为 15 s，后续实验采用相同时间间隔。

(5)将风筒中心置于设定的各个测量点处分别进行实验，待整个实验系统稳定运行 5 min 后开始检测各个测量点的氧气浓度，并做好实验数据记录。

(6)选择氧气浓度提升效果最佳的风筒位置固定，分别放下 1/3(0.8 m)、2/3(1.6 m)及全部(2.4 m)风帘；用风速仪校准氧气流速和风筒风速；当整个实验系统稳定运行 5 min 后，用烟气分析仪检测各个测量点的氧气浓度，并做好实验数据记录。

2.2 模拟实验结果与讨论

为了获得矿井掘进作业面的通风增氧的最优效果，选取压入式风筒的相对位置、风帘宽度两个参数开展了对比分析研究。

2.2.1 压入式风筒位置优选

1. 压入式风筒出口中心离地高度

为了获得最优供氧效果时风筒放置的高度，分别将风筒置于巷道右侧壁面的中心离地高度 0.3 m、1.2 m 和 1.8 m 三种情况；风筒出口与掘进作业面距离为 8 m 和 10 m，通过调整风机频率使风筒出口平均风速为 5.56 m/s，氧气流量为 5.56×10^{-4} m³/s(2 m³/h)，供氧管出口流速为 7.23 m/s。整个通风实验系统稳定运行 5 min 后，记录下各个测量点的氧气体积分数，并换算成质量分数。因为本次实验主要分析风筒位置对氧气提升效果，故仅测量与掘进面距离 3 m、4 m、5 m 和 6 m，呼吸带高度 1.3 m、1.4 m、1.5 m 和 1.6 m 处的氧气浓度。将实验测试数据绘制成带投影的 3D 映射曲面图，结果如图 2-6 所示，其中面朝掘进作业面的左侧方向为巷道左侧壁面。

由图 2-6 可以看出，当风筒出口与掘进作业面距离为 3~6 m 时，对于各个呼吸带截面而言，三处风筒的氧气质量分数结果为 $w_{(1.2\,m)} > w_{(1.8\,m)} > w_{(0.3\,m)}$。风筒置于中间位置时氧气提升效果最为明显，其中工作区距离掘进作业面 4~6 m 内，呼吸带高度 1.5 m 和 1.6 m 的平均氧气质量分数均远高于预设值 24.30%。后续实验研究将风筒悬挂于实验巷道右侧壁面、中心离地高度 1.2 m 处的最优位置。

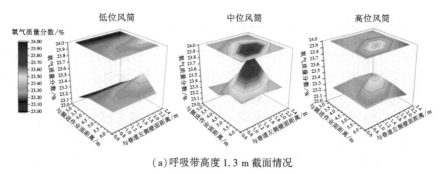

(a)呼吸带高度 1.3 m 截面情况

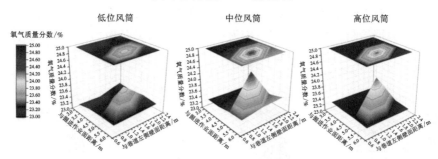

(b)呼吸带高度 1.4 m 截面情况

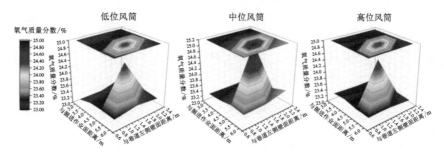

(c)呼吸带高度 1.5 m 截面情况

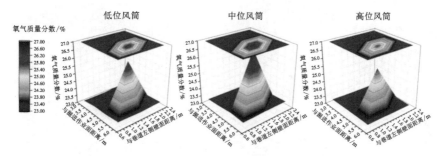

(d)呼吸带高度 1.6 m 截面情况

图 2-6　不同风筒布置高度下呼吸带截面氧气分布情况

2. 压入式风筒出口与掘进作业面距离

根据压入式风筒出口与掘进作业面的距离不应超过 10 m 的要求，考虑风筒距离掘进作业面过近时，不仅会影响作业人员的体感舒适度，还会引起二次扬尘，影响排烟、排尘效果。同时，考虑风筒出口风流很难将距掘进作业面 5 m 处的氧气带入并均匀地在作业面区域弥散开来。基于以上分析，将风筒出口置于距离掘进作业面 Z 为 10 m 和 8 m、中心离地高度 1.2 m 的位置进行对比实验。通过调节风机频率和流量计来改变风筒出口风速和供氧管出口流速，待整个通风实验系统稳定运行 5 min 后，记录下各个测量点的氧气体积分数。将实验测试数据绘制成带投影的 3D 映射曲面图，如图 2-7 所示。

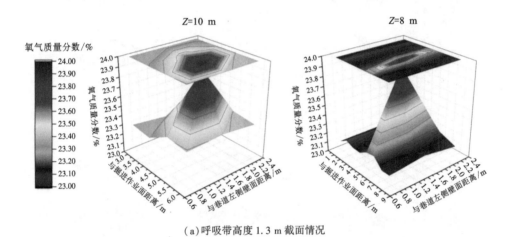

（a）呼吸带高度 1.3 m 截面情况

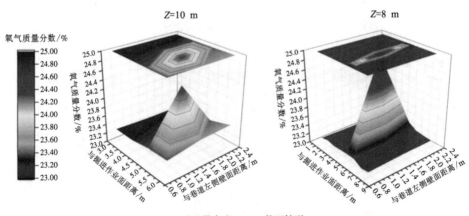

（b）呼吸带高度 1.4 m 截面情况

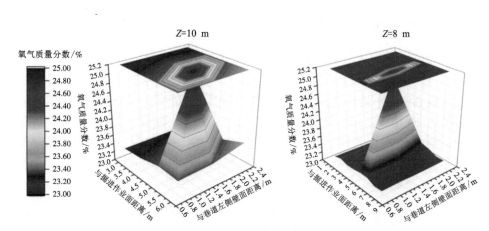

（c）呼吸带高度 1.5 m 截面情况

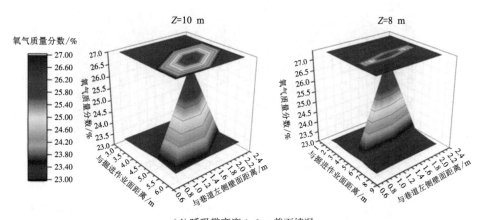

（d）呼吸带高度 1.6 m 截面情况

图 2-7　不同风筒布置距离下呼吸带截面氧气分布情况

　　由图 2-7 可以看出，当风筒出口与掘进作业面距离为 10 m 时，氧气弥散效果更好，呼吸带高度的各个截面氧气分布情况更为均匀。这是因为风筒出口距离氧气出口更远，风流到达氧气出口所在横截面时流速减小，风流面积增大，可带动氧气向四周弥散得更为均匀，但其在呼吸带高度 1.3 m 和 1.4 m 截面处的平均氧气质量分数要低于预设值 24.30%。当风筒出风口距离掘进作业面 8 m 时，氧气出口附近作业面区域的氧气质量分数高，呼吸带高度 1.2~1.6 m 的截面均达到了预设值，可相对减少氧气的浪费。考虑到氧气弥散效果可通过增加风帘来弥补，故后续实验选择将风筒置于距离掘进作业面 8 m 和中心离地高度 1.2 m 处。

2.2.2 风帘宽度对增压增氧效果的影响

1. 对掘进作业面氧气分布的影响

实验巷道在不进行机械通风和供氧的情况下，检测到各个测量点的氧气体积分数为 20.85%，其对应的质量分数为 23.14%。将质量分数相对提升 5% 作为预设值(24.30%)，对应的体积分数为 21.93%。在距离掘进作业面 12 m 处设置了宽度可调节的简易风帘，如图 2-8 所示。

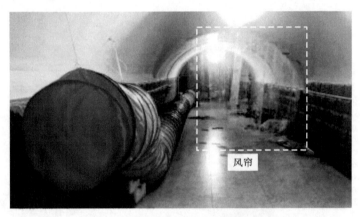

风帘

图 2-8 实验巷道内可调节宽度的风帘

考虑到实验巷道断面的不规则，引入有效增压宽度评价指标，即将实验巷道断面减去风筒所占部分剩余宽度作为有效增压宽度。实验巷道宽 3 m，风筒直径 600 mm，实际有效增压宽度为 2.4 m。将风帘宽度分别设置为：有效增压宽度的 1/3，即风帘宽度 $W=0.8$ m，风帘面积 $S=1.26$ m^2，约为巷道断面面积的 1/5；有效增压宽度的 2/3，即风帘宽度 $W=1.6$ m，风帘面积 $S=3.08$ m^2，约为巷道断面面积的 1/2；有效增压宽度的 3/3，即风帘宽度 $W=2.4$ m，风帘面积 $S=4.89$ m^2，约为巷道断面面积的 3/4。在上述风帘宽度条件下进行对比实验。通过调节风机频率和流量计来改变风筒出口风速和供氧管出口流速，待整个通风实验系统稳定运行 5 min 后，记录下各个测量点的氧气体积分数和压力，将实验测试数据绘制成带投影的 3D 映射曲面图，结果如图 2-9 和图 2-10 所示。

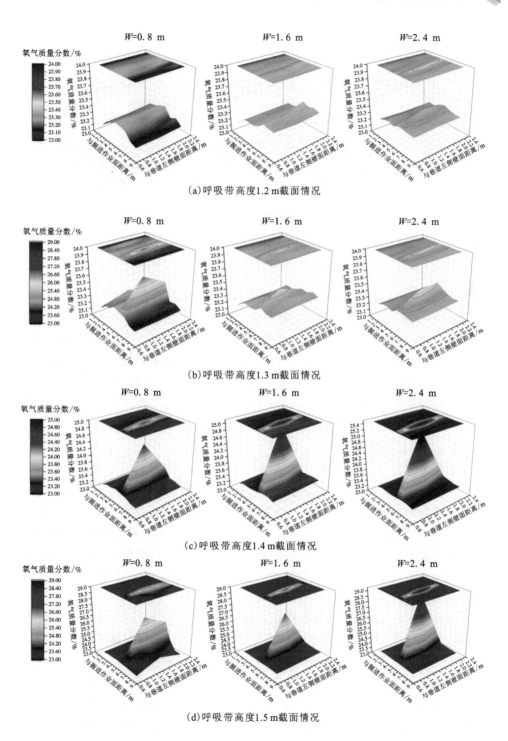

(a)呼吸带高度1.2 m截面情况

(b)呼吸带高度1.3 m截面情况

(c)呼吸带高度1.4 m截面情况

(d)呼吸带高度1.5 m截面情况

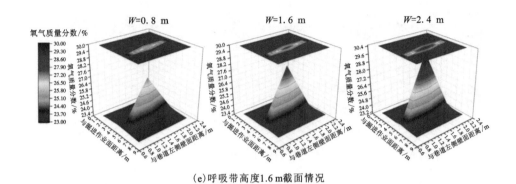

(e)呼吸带高度1.6 m截面情况

图2-9 不同风帘宽度下呼吸带截面氧气分布情况

由图2-9可直观看出，加上风帘后，在距离掘进作业面1~8 m，呼吸带高度1.3 m和1.4 m截面氧气质量分数分布明显更加均匀，距离5~8 m处的氧气浓度有小幅度提升。呼吸带高度1.2 m截面氧气提升效果排序为$W=2.4$ m>$W=1.6$ m>$W=0.8$ m；呼吸带高度1.3 m截面氧气提升效果排序为$W=0.8$ m>$W=2.4$ m>$W=1.6$ m。图2-9(b)中风帘宽度$W=0.8$ m时，其他各截面的氧气质量分数均不超过0.2%；但在呼吸带高度1.2 m和1.3 m截面，距离掘进作业面4~6 m时，作业面主要区域的氧气质量分数为23.2%~23.5%，均未达到预设值24.30%。

由图2-9易见，呼吸带高度1.4~1.6 m各截面的氧气提升效果比1.2 m和1.3 m截面的效果更好，氧气质量分数都达到了预设值24.30%，且氧气大部分集中于作业面区域，降低了氧气的无效耗散。各呼吸带高度截面氧气提升效果排序为$W=2.4$ m>$W=1.6$ m>$W=0.8$ m，其中1.5 m和1.6 m截面尤为明显。当风帘宽度$W=2.4$ m时，氧气质量分数均超过30%。其中作业面区域4~6 m内氧气分布更为集中，平均氧气质量分数达到25.40%。这个区域是作业人员主要活动区域，避免了氧气的浪费。

实验测试数据表明：在保证作业面通风效果的前提下，将风帘宽度W设定为有效增压宽度可有效阻挡氧气向非工作区域扩散，大幅提高了氧气的利用率，节约了供氧的经济成本，是提升掘进作业面氧气浓度的可行性方案。在此最佳通风供氧方案下，距离掘进作业面4~7 m的主要活动区域的呼吸带平均氧气质量分数为24.15%，比未通风供氧情况下(23.14%)要高出1.01%，相对提升4.36%。由于空气密度随大气压力有所改变，不同海拔的增氧难易程度存在

一些差异。当供氧量相同时,高海拔地区的氧气提升量比平原地区要高出 0.1~
0.2 个百分点。目标研究对象普朗铜矿的海拔为 3400~4700 m,因此普朗铜矿
的氧气质量分数可实现提升 5% 的预期目标。

2. 对掘进作业面的压力的影响

为研究掘进作业面增加风帘后对增压效果、氧气分布的影响,分别测量了
机械通风、无风帘情况及机械通风、不同风帘宽度情况下的呼吸带高度 1.5 m
截面的各个测量点压力。将对比实验结果数据取差值,获得不同风帘宽度情
况下的各个测量点压力变化值。将结果绘制成带投影的 3D 映射曲面图,如
图 2-10 所示。

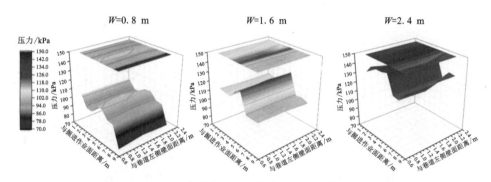

图 2-10　不同风帘宽度下呼吸带高度 1.5 m 截面压力分布

由图 2-10 知,三种不同风帘宽度的情况下,距离掘进作业面 1~8 m 处的
压力都有不同程度的提升,为 70~150 kPa。其中当风帘宽度等于有效增压宽度
时,压力提升效果最为明显,作业面各处都达到了 100 kPa。实验结果表明,距
离掘进作业面 4~7 m 的主要活动区域压力提升效果最为明显,因为巷道壁面反
射的风流与风帘处反射回的风流产生碰撞,形成了气流的堆积和叠加,从而形
成了一个正压增强区域;距离掘进作业面 7~8 m 工作区域压力的提升值最小,
因为 8 m 处为风筒所在位置,根据伯努利原理,流速大的区域相对压强较小。
实验过程中,风流从作业面断面折返时受到阻碍,反射回工作区域形成堆积;
随着风帘宽度增加,气流产生的堆积与叠加效应更加明显,表现出来就是区域
内的气流压力逐步增加。

为了更直观展现出风帘对掘进作业面气流和压力分布的影响,对无风帘和
风帘宽度 2.4 m(有效增压宽度)的情况进行了模拟分析,获得了实验巷道内的
气流流线与压力分布规律,结果如图 2-11 所示。

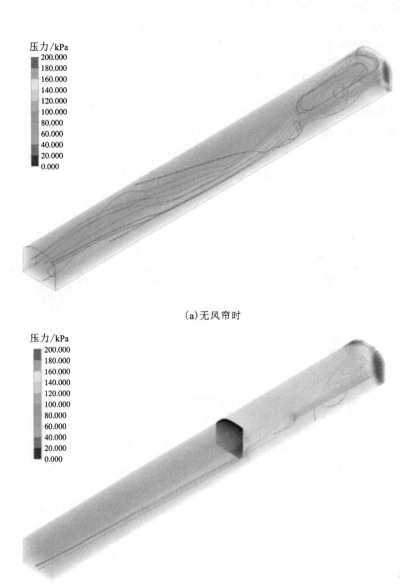

(a)无风帘时

(b)风帘宽度W=2.4 m

图 2-11　巷道气流流线和压力分布情况

图 2-11(a)中，模拟巷道内各处压力分布比较均匀，压入式通风所产生的增压效果并不明显，风流仅在巷道壁面隅角处压力有小幅度的提升；风流从风筒出来与巷道壁面相互碰撞后折返，产生气流回流，回流区的面积随着与掘进作业面距离的增加而增加。图 2-11(b)中，由于风帘的阻挡作用，掘进作业面的压力有了较大的提升；其中局部区域的增压效果明显，风流沿巷道壁面射流到达作业面断面，其在隅角处形成挤压使压力较快上升，之后折返形成回流，在风帘封闭区域形成压力提升区。

2.3　实体测试方案与结果验证

根据未加风帘、风帘宽度等于有效增压宽度(2.4 m)的对比实验条件，按照最佳压入式风筒位置和实验巷道的实际尺寸，分别构建了实体实验场景和模拟分析模型。

2.3.1　实体测试方案设计

按照最佳压入式风筒位置，即风筒中心离地高度 1.2 m 和实验巷道的实际尺寸，构建了 1∶1 尺寸的 3D 实体测试场景，并根据实验测试方案构建了对应的模拟仿真模型，结果如图 2-12 所示。

(a)实验测试场景　　　　　　　　(b)模拟三维模型

图 2-12　实验测试场景和模拟模型

按照实验测试条件对模拟模型参数进行设定，将实验测试数据与模拟结果数据进行汇总分析，结果如表2-2所示。

表2-2　实验值与模拟值的平均氧气浓度值

| 与掘进作业面距离/m | 截面平均氧气质量分数 | | | | | | | |
| | 未加风帘 | | | | 风帘宽度 $W=2.4$ m | | | |
	实验值/%	模拟值/%	绝对误差/%	相对误差	实验值/%	模拟值/%	绝对误差/%	相对误差
1	23.2315	23.2345	0.0030	0.0001	23.2401	23.2106	0.0295	0.0013
2	23.2560	23.2348	0.0212	0.0009	23.2543	23.2316	0.0227	0.0010
3	23.3925	23.3366	0.1559	0.0067	23.3621	23.2354	0.1267	0.0054
4	23.4815	23.4388	0.2427	0.0104	23.5665	23.2439	0.3226	0.0137
5	25.5412	24.8697	0.6715	0.0263	25.8161	25.2918	0.5243	0.0203
6	23.2037	23.3647	0.0610	0.0026	23.6383	23.2493	0.3890	0.0165
7	23.2757	23.3586	0.0171	0.0007	23.5919	23.2421	0.3498	0.0148
8	23.2601	23.2889	0.0112	0.0005	23.3806	23.2428	0.1378	0.0059

2.3.2　实验结果对比分析

由表2-2可知，除了距离掘进作业面5 m的结果，其他实验值与模拟值基本一致，两者的误差很小，分析结果如图2-13所示。

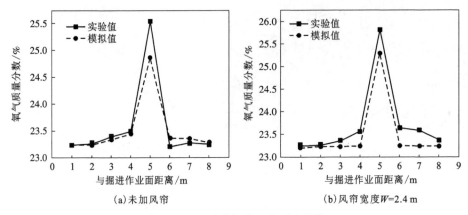

（a）未加风帘　　　　　　　　（b）风帘宽度 $W=2.4$ m

图2-13　实验值与模拟值对比曲线

从图 2-13 中可看出，实验值与模拟值之间趋势基本一致，整体走势相同，相对误差较小，说明所构建的仿真模型符合实际情况。与掘进作业面距离 5 m 时，即供氧管所在位置的氧气质量分数最高。当风帘宽度为有效增压宽度（$W=2.4$ m）时，实验值要整体大于模拟值，这是因为模拟状态下氧气为理想不可压缩流体，其流动性较强，氧气扩散较快，弥散损失较大。在实际情况下，实验巷道内气体流动性较弱，由于风帘的存在，氧气不易扩散出去，因而氧气质量分数相对偏高。

第3章

矿井掘进作业面空气幕增压增氧效果研究

地下金属矿山掘进作业面多采用爆破破岩工艺，包括凿岩、装药、爆破、通风、出渣等。其中凿岩、装药是开展通风增氧的主要作业工序，爆破、通风、出渣等环节作业人员参与时间较短、人员相对较少，作业的劳动强度一般较小。因此供氧主要考虑凿岩、装药等生产作业阶段。

3.1 空气幕增压增氧实验方案

考虑作业人员的主要活动范围为距离掘进作业面1~6 m的区域，因此将矿用空气幕装置安设在距离掘进作业面6 m的位置，在作业区形成空气屏障，发挥类似于风门隔断风流的作用，增加作业区局部压力，减少氧气向作业区域以外的地方扩散流失。空气幕布设位置示意如图3-1所示，空气幕出口高度为2.0 m、出口宽度为0.2 m，其安设位置与掘进作业面距离6.0 m。

目前空气幕用于阻隔作业区氧气扩散流失的研究较少，因此开展对矿用空气幕的富氧效果及其性能参数优化具有重要的现实意义。从矿用空气幕参数性能优化与减缓氧气扩散流失的角度出发，构建了对应的仿真模型，涉及的优化参数包括空气幕出口宽度、出口风速和出口高度。

3.1.1 供氧管出口位置设置

供氧管出口与空气幕均安设在距离掘进作业面6 m处。为了进一步优化供氧管出口的位置，提高作业人员活动区域的氧气质量分数，实验设置了三个对比方案，分别是对比方案1(5.0 m)、对比方案2(4.0 m)和对比方案3(3.0 m)，空气幕的出口风速设定为10.0 m/s，供氧流量为0.0048 m^3/s。

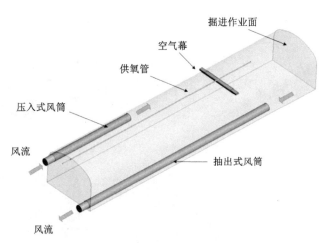

图 3-1　空气幕实验布设位置示意图

3.1.2　模拟结果分析与讨论

按照所设定的参数开展了相应的模拟研究，结果如图 3-2 和图 3-3 所示。距离掘进作业面 1~6 m 的呼吸带氧气质量分数明显提高，说明空气幕能够有效阻隔氧气扩散流失，提高作业人员作业区域内的氧气含量。

结合图 3-2 和图 3-3 可以发现，对比方案 1 的氧气主要集中在距离掘进作业面 5.0 m 的位置，且有向巷道口蔓延的趋势，氧气在作业人员作业区域内浓度低、分布不均；对比方案 2 的氧气存在向巷道顶板扩散蔓延的趋势，顶板处有氧气堆积的现象，造成呼吸带范围内氧气质量分数低；对比方案 3 的大多数氧气集中在呼吸带范围，可从图中虚线之间的氧气浓度分布变化看出。因此在氧气供给量有限的前提下，使氧气分布集中在作业区域的呼吸带范围最为理想。所以对比方案 3 的模拟结果符合预期效果，供氧管出口与掘进作业面的距离优选 3.0 m 为宜。

模拟研究也发现，空气幕出口气流有向掘进作业面方向蔓延的趋势，稀释并降低了氧气的质量分数。为了以更加节能、高效的方式阻隔供给氧气的流失问题，提高氧气有效利用率，有必要对空气幕做进一步的优化设计。为此增设了空气幕关闭状态下的模拟分析研究，其中供氧管位置为距离掘进作业面 3.0 m，关闭空气幕时横截面和纵截面的氧气质量分数如图 3-4 所示。

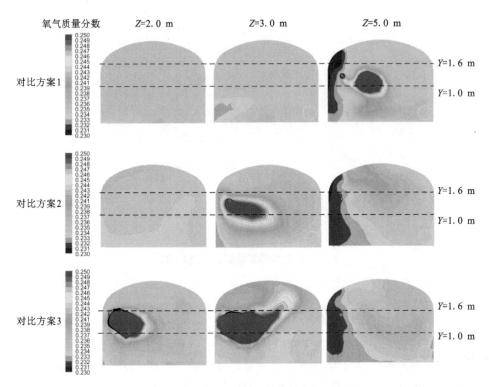

图 3-2　对比方案在不同横截面的氧气质量分数

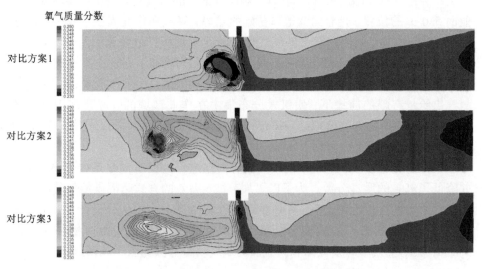

图 3-3　对比方案在 $X=0$ m 纵截面的氧气质量分数

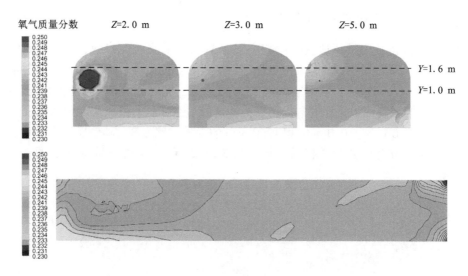

图 3-4 关闭空气幕时横截面和纵截面的氧气质量分数

将图 3-2 和图 3-3 中的对比方案 3 进行对比可知，距离掘进作业面 6.0~15.0 m 处的巷道中后段的氧气质量分数显著提高，距离为 1.0~6.0 m 作业区域的呼吸带高度的氧气质量分数低于空气幕开启时的状态。这说明较多的供给氧气有往巷道后侧蔓延扩散的趋势，即作业人员作业区域之外的区域，氧气向巷道后侧扩散将导致大量的供给氧气不能达到有效利用。对比分析结果表明，矿用空气幕能有效阻隔氧气向作业区域之外的区域扩散。为了进一步提升空气幕对氧气扩散的优化效果，需要进一步开展空气幕的性能参数研究。

3.2 矿用空气幕稳定性分析

空气幕的供风速度、出口宽度和出口高度等因素都会对巷道内的氧气浓度分布与富氧效果产生直接影响，因此开展了上述影响因素条件下的氧气分布规律研究。以作业人员主要活动区域的平均氧气质量分数、巷道沿程呼吸带平均氧气质量分数为分析指标，对矿用空气幕的富氧效果稳定性进行了分析研究。

3.2.1 供风速度的影响分析

理论分析认为供风速度是影响空气幕富氧效果的关键参数,供风速度过小时,空气幕阻隔巷道内风流的效果较差;供风速度过大时,气流会碰触巷道底板发生反弹扰流,影响空气幕的阻隔效果,同时还会产生明显的气流噪音,导致能源浪费和经济成本提高。为此选取了空气幕的供风速度为 4.0 m/s、6.0 m/s、8.0 m/s、10.0 m/s 和 12.0 m/s 的五种对比方案,其他模拟参数设置与第 3.1.1 节对比方案 3 保持一致。纵截面 $X = 0$ m 氧气质量分数如图 3-5 所示。

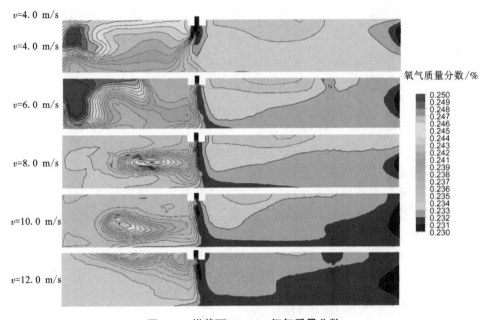

图 3-5　纵截面 $X = 0$ m 氧气质量分数

如图 3-5 所示,5 种对比模拟结果表现出三种状态:供风速度为 4.0 m/s 时,射流速度过低,空气幕出口气流未能到达地面,不能起到很好的密封效果;供风速度为 6.0 m/s 时,空气幕出口气流能够到达地面,形成良好的阻隔供给氧气的效果;供风速度为 8.0 m/s、10.0 m/s 和 12.0 m/s 时,空气幕出口气流速度过高,将供给氧气带出作业人员主要活动区域之外,导致氧气资源大量浪费。

图 3-5 中的纵截面分布图不能很好地表现主要活动区域的氧气质量分数

分布情况。为了更全面地研究供风速度对空气幕富氧效果的影响规律，取距离掘进工作面 1.0~15.0 m 的横截面呼吸带高度的平均氧气质量分数，获得巷道沿程氧气质量分数分布曲线图，结果如图 3-6(a) 所示。在距离掘进工作面

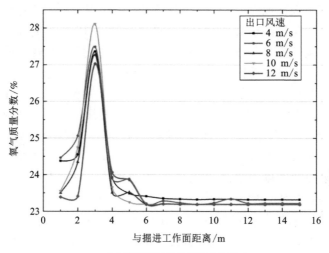

(a)巷道沿程氧气质量分数分布

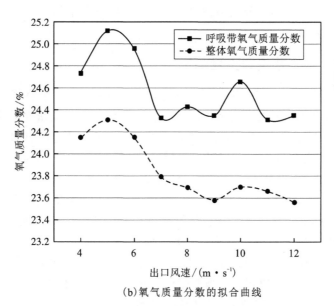

(b)氧气质量分数的拟合曲线

图 3-6　不同供风速度下氧气分布特征分析曲线

2.0~4.0 m 内存在空气幕的射流强化区域,该区域位于供氧管出口位置,氧气从供氧管内流出后的初始速度较大,但进入作业区后轴向受周围空气的黏性阻力影响,所受阻力较大,速度衰减很快,使得掘进工作面 2.0~4.0 m 区域呼吸带的氧气质量分数急速增强后再快速衰减。供风速度为 4.0 m/s 时,由于空气幕喷出的气流未到达地面,不能起到很好的封堵作用,主要活动区域之外的平均氧气质量分数明显高于其他对比组;供风速度为 10.0 m/s 时,掘进工作面 3 m 处的平均氧气质量分数达到最高值 28.11%,并且平均氧气质量分数在作业人员主要活动区域波动较大。

为了进一步获得空气幕供风风速的影响规律,实验增加了 5 m/s、7 m/s、9 m/s 和 11 m/s 的情况模拟,分析了作业人员主要活动区域的平均氧气质量分数和横截面的氧气质量分数,结果如图 3-6(b)所示。呼吸带高度的氧气质量分数整体高于横截面的氧气质量分数,说明供氧管流出的氧气大多集中于呼吸带位置。随着供风速度的增大,作业人员主要活动区域的氧气质量分数分布经历了三个阶段:供风速度增加到 5 m/s 时,空气幕的幕状气流屏障的阻隔能力增强,呼吸带氧气质量分数提高;随着供风速度的继续增大,空气幕的供风量大量增加,周边低氧含量的空气大量进入作业人员活动区域,导致氧气质量分数相对有所降低;当供风速度增加到 10 m/s 时,空气幕气流的阻隔能力进一步增强,呼吸带的氧气质量分数略微提升,但随后低氧含量的空气大量进入导致质量分数相对降低。

3.2.2 空气幕出口宽度的影响分析

在空气幕供风量一定的情况下,空气幕出口宽度增加,则空气幕出口速度减小,反之出口风速增大。为了讨论不同空气幕出口宽度的富氧效果,分别考虑了宽度 0.1 m、0.2 m、0.3 m、0.4 m 和 0.5 m 情况,设定空气幕出口供风速度为 8 m/s、安设高度为 2 m,其他模拟参数设置与第 3.1.1 节对比方案 3 保持一致,纵截面 $X=0$ m 氧气质量分数分布如图 3-7 所示。

从图 3-7 可以看出,在供风风量一定的情况下,随着空气幕出口宽度的增大,空气幕的厚度明显增大,隔断能力增强,巷道内 6~15 m 位置的氧气质量分数明显降低。空气幕出口气流喷出后,实际运动过程中存在着紊流扩散现象,供风量越大则紊流扩散效果越明显。在供风速度一定的情况下,空气幕出口宽度越大,其供风量就越大。当宽度为 0.5 m 时,巷道内 1~6 m 位置的供给氧气被空气幕中大量低氧含量空气稀释,导致主要活动区域的氧气质量分数提升效果不明显。取距离掘进工作面 1~15 m 的横截面呼吸带的平均氧气质量分数,获得巷道沿程氧气质量分数分布曲线图,结果如图 3-8(a)所示。在距离掘

34

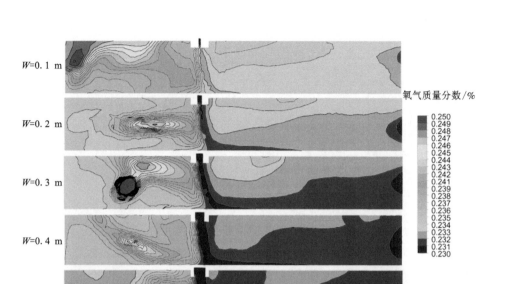

W=0.1 m

W=0.2 m

W=0.3 m

W=0.4 m

W=0.5 m

氧气质量分数/%

0.250
0.249
0.248
0.247
0.246
0.245
0.244
0.243
0.242
0.241
0.239
0.238
0.237
0.236
0.235
0.234
0.233
0.232
0.231
0.230

图 3-7　纵截面 X=0 m 氧气质量分数分布

进工作面 2~4 m 内同样存在射流强化区域，该区域的氧气质量分数的波动范围较大；距离掘进作业面较远区域的沿程氧气质量分数分布平稳、变化很小。出口宽度为 0.1 m 时，空气幕所形成的幕状气流屏障厚度很小，气流的阻隔效果不好，导致主要活动区域之外的氧气质量分数明显高于其他对比组。

为了进一步获得空气幕出口宽度的影响规律，增加了出口宽度 0.15 m、0.25 m、0.35 m 和 0.45 m 的情况模拟，分析了作业人员主要活动区域的呼吸带平均氧气质量分数和横截面的氧气质量分数，结果如图 3-8(b)所示。呼吸带高度的氧气质量分数整体高于横截面的氧气质量分数，说明供氧管流出的氧气大多集中于呼吸带位置。随着出口宽度的增大，呼吸带的氧气质量分数的波动频率较大，波动范围较小。当供风速度保持不变时，出口宽度的增大会带来供风风量的增加，当宽度大于 0.4 m 时，横截面的氧气质量分数显著下降。这说明供风风量的增加带来周边低氧含量空气的大量涌入，导致作业人员主要活动区域的空气被稀释。

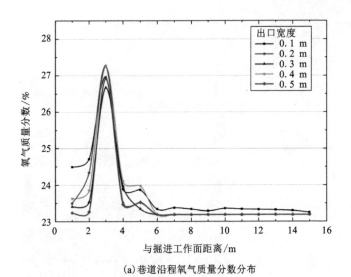

(a)巷道沿程氧气质量分数分布

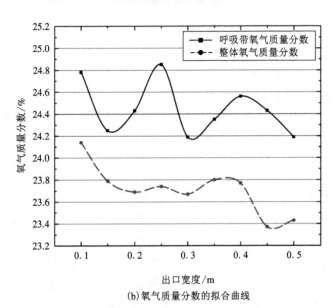

(b)氧气质量分数的拟合曲线

图 3-8 不同空气幕出口宽度下氧气分布特征分析曲线

3.2.3　空气幕出口高度的影响分析

空气幕出口高度是指供风器出口与巷道底板之间的纵向距离。理论分析认为其对空气幕的有效压力与风流稳定性存在直接关系，会进一步影响空气幕的工作效能。为了研究不同空气幕出口高度的富氧效果，设定了出口高度为1.72 m、1.80 m、1.88 m、1.96 m 和 2.04 m 五种情况，设定空气幕出口宽度为0.20 m、供风速度为 8 m/s，其他模拟参数设置与第 3.1.1 节对比方案 3 保持一致，纵截面 $X=0$ m 氧气质量分数分布如图 3-9 所示。

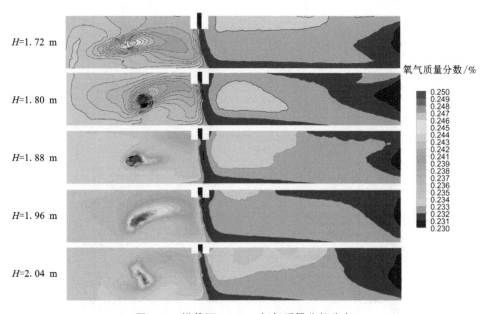

图 3-9　纵截面 $X=0$ m 氧气质量分数分布

从图 3-9 中所有对比组的模拟结果中可以看出，空气幕的阻隔效果整体差异比较小，距离巷道断面 6~15 m 位置的氧气质量分数分布差异变化不大。因为受到空气幕出口风流的紊流扩散作用，作业人员主要活动区域的氧气分布差异比较大。取距离掘进工作面 1~15 m 横截面的呼吸带平均氧气质量分数，作巷道沿程氧气质量分数分布曲线图，结果如图 3-10(a)所示，所有对比模拟方案中距离掘进作业面较远区域的沿程氧气质量分数集中分布值在 23.20% 左右，说明当供风速度保持在 8 m/s 时，不同空气幕出口高度都能很好地阻隔供给氧气向主要活动区域之外的空间扩散流失。

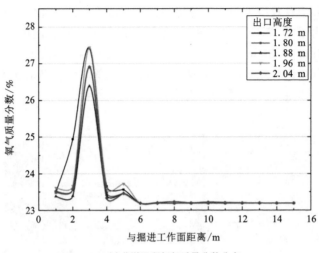

(a)巷道沿程氧气质量分数分布

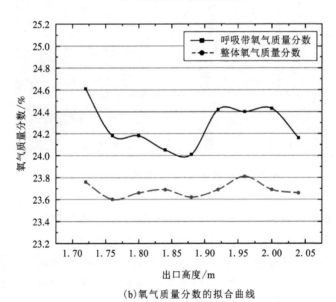

(b)氧气质量分数的拟合曲线

图 3-10 不同空气幕出口高度下氧气分布特征分析曲线

为了进一步优化模拟结果,增加了高度 1.76 m、1.84 m、1.92 m 和 2.00 m 等四种情况,分析了作业人员主要活动区域的呼吸带平均氧气质量分数和横截面的氧气质量分数,结果如图 3-10(b)所示。呼吸带氧气质量分数整体高于横截面的氧气质量分数,说明供氧管供给氧气主要集中于呼吸带位置。随着空气幕出口高度的增大,横截面的氧气质量分数的变化不大,呼吸带的氧气质量分数的变化较大。

3.3　富氧效果影响因素的主次分析

为了分析影响因素对空气幕供给氧气的富氧效果之间的内在关系,采用均匀设计分析和灰色关联度分析法,对空气幕的供风风速、出口宽度和出口高度等影响因素之间的主次关系进行了研究。

3.3.1　均匀设计分析

多因素实验设计通常采用正交设计法。受整齐可比的特性约束,其实验的均匀性受限,试验点的数目较多;相比均匀设计可以不考虑整齐可比性的要求,在实验空间能最大限度地使各个实验点均匀地分散,能够用较少的实验次数获得期望的结果。

通过第 3.2 节模拟结果的分析讨论,证明了空气幕的出口宽度、出口风速、出口高度这三个参数对掘进工作面的供给富氧效果产生直接影响。为了获得各影响因素对富氧效果的影响程度,采用均匀设计法对三因素、九水平进行了组合模拟研究,选取 $U9 \times (9^3)$ 型的基于中心化偏差的均匀设计表,参数水平如表 3-1 所示。

表 3-1　参数水平

序号	供风速度 /(m·s⁻¹)	出口宽度 /m	出口高度 /m	序号	供风速度 /(m·s⁻¹)	出口宽度 /m	出口高度 /m
1	4	0.10	1.72	6	9	0.35	1.92
2	5	0.15	1.76	7	10	0.40	1.96
3	6	0.20	1.80	8	11	0.45	2.00
4	7	0.25	1.84	9	12	0.50	2.04
5	8	0.30	1.88				

以距离掘进工作面 0~6 m 呼吸带的平均氧气质量分数作为考察指标进行列表分析,结果如表 3-2 所示。

表 3-2   U9×(9^3) 型均匀设计分析

供风速度/(m·s⁻¹)	出口宽度/m	出口高度/m	氧气质量分数/%	供风速度/(m·s⁻¹)	出口宽度/m	出口高度/m	氧气质量分数/%
7(4)	0.35(6)	1.80(3)	24.19	4(1)	0.40(7)	2.04(9)	24.50
10(7)	0.15(2)	2.00(8)	25.06	11(8)	0.10(1)	1.84(4)	24.54
5(2)	0.50(9)	1.92(6)	25.05	6(3)	0.45(8)	1.76(2)	24.69
12(9)	0.20(3)	1.72(1)	24.59	9(6)	0.25(4)	1.96(7)	25.06
8(5)	0.30(5)	1.88(5)	24.14				

3.3.2   灰色关联度分析

采用灰色关联度分析研究各因素对富氧结果的影响程度,具体计算步骤如下。

第一步:确定分析数列。假设 n 个因素对矿用空气幕的富氧效果产生影响,因素包含在 X 集合中,对应的氧气质量分数用 Y 表示。通常取集合 X 为子序列(比较数列),Y 为父序列(参考数列)。序列 X、Y 可以采用以下矩阵形式来表示:

$$X = \begin{bmatrix} X_1 \\ X_2 \\ \vdots \\ X_n \end{bmatrix} = \begin{bmatrix} X_{11} & X_{12} & \cdots & X_{1m} \\ X_{21} & X_{22} & \cdots & X_{2m} \\ \vdots & \vdots & & \vdots \\ X_{n1} & X_{n2} & \cdots & X_{nm} \end{bmatrix}, \quad Y = \begin{bmatrix} X_1 \\ X_2 \\ \vdots \\ X_n \end{bmatrix} = \begin{bmatrix} Y_{11} & Y_{12} & \cdots & Y_{1m} \\ Y_{21} & Y_{22} & \cdots & Y_{2m} \\ \vdots & \vdots & & \vdots \\ Y_{n1} & Y_{n2} & \cdots & Y_{nm} \end{bmatrix} \quad (3-1)$$

第二步:变量的无量纲化。由于每个序列中参数的维数和单位不一致,为了数据具有可比性,参数须进行标准化,并转换成相同数量级的无量纲数据。具体方法如下:

$$x'_{ij} = \frac{x_{ij} - \min(x_{ij})}{\max(x_{ij}) - \min(x_{ij})} \quad (3-2)$$

式中:x'_{ij} 为顺序数据;x_{ij} 为初始数据;$\max(x_{ij})$ 为数据序列中的最大值;$\min(x_{ij})$ 为数据序列中的最小值。

第三步:计算关联系数。给定一个实数 $\gamma(y_{ij}, x_{ij})$,如果 $\gamma(Y_{ij}, X_{ij}) =$

$\dfrac{1}{n}\displaystyle\sum_{i=1}^{n}\gamma(y_{ij},x_{ij})$ 符合标准性、完整性和对称性，并随着 $|x'_{ij}-y'_{ij}|$ 减小而逐渐增加，则 $\gamma(y_{ij},x_{ij})$ 是 X_i 和 Y_i 在点 j 的相关性系数。具体求解过程如下：

矩阵 $\boldsymbol{\Delta}_{ij}$ 存在如下关系：

$$\boldsymbol{\Delta}_{ij}=|x'_{ij}-y'_{ij}| \tag{3-3}$$

$\boldsymbol{\Delta}_{ij}$ 的最大值和最小值表示为：

$$\begin{cases}\boldsymbol{\Delta}_{\max}=\max(\boldsymbol{\Delta}_{ij})\\ \boldsymbol{\Delta}_{\min}=\min(\boldsymbol{\Delta}_{ij})\end{cases} \tag{3-4}$$

其中，$\gamma_{ij}(k)$ 为 X_i 和 Y_i 在点 k 的关联系数表示为：

$$\gamma_{ij}(k)=\frac{\boldsymbol{\Delta}_{\min}+\eta\boldsymbol{\Delta}_{\max}}{\boldsymbol{\Delta}_{ij}+\eta\boldsymbol{\Delta}_{\max}} \tag{3-5}$$

式中：η 为分辨系数，一般 η 的取值区间为 $(0,1)$，具体取值根据实际需求而定，当 $\eta\leq0.5463$ 时，分辨力最好，一般取 $\eta=0.5$。

第四步：计算关联度。X_i 和 Y_i 之间的关系可以表示为：

$$\gamma_{ij}=\frac{1}{n}\sum_{i=1}^{n}\gamma_{ij}(k) \tag{3-6}$$

式中：γ_{ij} 为 X_i 与 Y_i 的相关性，相关值越大，说明这个因素对空气幕的富氧效果的影响越大；相关值越小，说明其影响越小。

将协同分散系数定义为灰色关联度模型的系统特征变量，将协同分散系数的影响因素定义为相关变量，建立父系列和子系列的灰色关联度模型。考虑到影响因素和指标单位的不同，为了避免较大的误差，对样本数据序列进行了无维度处理，获得了变量数据的相关性分析结果，如表 3-3 所示。

表 3-3　关联系数的计算结果

影响因素	空气幕供风速度/($m\cdot s^{-1}$)	空气幕出口宽度/m	空气幕出口高度/m
关联系数	0.7696	0.5672	0.7044

从表 3-3 结果可知，影响空气幕对掘进工作面富氧效果的主要影响因素依次为：供风速度、出口高度和出口宽度。供风速度和出口高度直接影响空气幕出口气流能否到达地面形成较好的屏障作用，防止供给氧气向作业人员主要活动区域之外的空间扩散。出口宽度对空气幕形成的幕状气流屏障厚度影响较大，对氧气扩散流动速度的影响较小，因此气流屏障的厚度对供给氧气的阻隔效果影响不大。

第4章

矿井硐室风门增压增氧效果研究

高海拔地区金属矿山井下硐室是作业人员工作、休息的主要场所。一般硐室具有相对较好的封闭条件，适合开展通风增压增氧来解决低压缺氧问题。避难硐室正压维持标准规范规定：硐室内部气压应始终保持高于外部气压，且压差值不得低于 100 Pa；同时考虑硐室内部维持正压还需有效排出硐室内部的污浊空气，以及人体进出硐室的压力差值范围，设定矿井硐室增压增氧为 100～500 Pa。

4.1 矿井硐室增压增氧的因素分析

开展矿井硐室增压增氧研究，需要综合考虑多方面的影响因素，包括人体可承受压力、硐室内外压力差、硐室进出风量平衡等几个方面。

4.1.1 人体可承受压力

人体能够在一定限度内承受压差对人体的不利影响，但长时间处于较大压差的环境下，会对身体组织机能造成损伤，因此必须分析硐室内人体能够承受压力的极限值。按照成人人体承受 12～15 t 总大气压力时会危及生命的标准来计算人体单位表面积可承受压力，成人的表面积计算公式如下：

$$S = 71.84 \times H^{0.725} \times W^{0.425} \times 10^{-4} \tag{4-1}$$

式中：S 为人体表面积，m^2；H 为人的身高，cm；W 为人的体重，kg。

假定作业人员平均体重为 60 kg，身高 170 cm，则人体的表面积为：

$$S = 71.84 \times 170^{0.725} \times 60^{0.425} \times 10^{-4} = 1.69 \ m^2 \tag{4-2}$$

人体单位表面积承受压力计算公式为：

$$p = \frac{F}{S} \tag{4-3}$$

式中：p 为人体单位表面积所受压力，Pa；F 为作用在人体表面的总压力，N，此处 $F = 12 \times 9.8 \times 10^3$ N；S 为人体表面积，m^2。

人能承受的最大超压为：

$$P = \frac{12 \times 9.8 \times 10^3}{1.69} = 6.96 \times 10^4 \text{ Pa} \tag{4-4}$$

4.1.2　硐室内外压力差

矿山地下硐室内部压力需要克服人员进出时所产生的外部压力和风压变化产生的影响，这样才能保持硐室内部的正压状态，并满足作业人员的正常呼吸环境的要求。

4.1.3　硐室进出风量平衡

硐室内部大气压的正压维持基础是进气量等于排出量时所能维持的压差值，即在进风量和排风量达到平衡时，理想状态下进风风压＝硐室正压＋排风风压，实现动态正压平衡状态。

根据《采矿工程师手册》可知，硐室的使用功能不同所需的通风量也不同。以地下矿井休息硐室为例，通风量不得低于 60 m^3/min；容纳 30 人的硐室，人均通风量 2 m^3/min。

4.1.4　硐室供氧量计算

根据研究对象云南普朗铜矿的实际情况，在保障安全、可行的前提条件下，将硐室内部大气压力增加值设定为 100～500 Pa。根据质量守恒定律，压入式进风流中的氧气总量应等于消耗氧气总量和排风风流中氧气总量之和。实际计算过程中发现，人体呼吸的耗氧量占比极小。为方便计算，可忽略人体部分的氧气消耗量。

为了维持硐室内部正压稳定的情况下，硐室的进风量应与排风量相等，进气风流中氧气体积分数为 20.9%，排出风流中按照氧气浓度提升 5% 后的氧气体积分数 21.9% 来计算，则硐室进出口的质量守恒公式为：

$$X_3(Q_0 + Q_1) = Q_0 X_0 + Q_1 X_1 \tag{4-5}$$

式中：Q_0 为新风风量，m^3/s；X_0 为新风中氧气含量，g/m^3；Q_1 为供氧管内风量，m^3/s；X_1 为供氧管中氧气含量，g/m^3；X_3 为排出风流中氧气含量，g/m^3。

本研究拟采用医用氧气瓶供氧，氧气浓度为 99.5%，输出气体密度为 1.423 kg/m³，计算所得供氧量为 $Q_1 = 0.0121$ m³/s $= 0.726$ m³/min。

4.2 矿井硐室增压增氧数值模拟研究

以云南普朗铜矿海拔 3800 m 地下硐室的实际情况为依据，根据研究需要构建了对应的仿真模拟模型，并开展了多参数的实验研究。

4.2.1 建立硐室数值模型

构建三维立体硐室仿真模型，如图 4-1 所示。

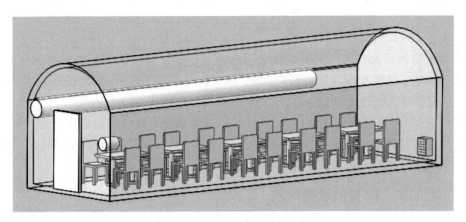

图 4-1 硐室三维仿真模型

具体尺寸参数如表 4-1 所示。

表 4-1 仿真模拟硐室的尺寸表

名称	硐室内部 /m	椅子 /m	桌子 /m	空气净化器 /m	名称	进气管 /m	排气管 /m	供氧管 /m
长	10	0.45	1.2	0.3	直径	0.4	0.3	0.04
宽	2.8	0.45	0.7	0.2				
高	2.8	0.95	0.7	0.4				

在保障仿真模拟结果真实性和可靠性的基础上，对模型进行了简化和优化处理：通过风机进入硐室的空气流和供氧管供给氧气气流视为不可压缩气体，气体流动为稳定状态；硐室出入门密封性良好，硐室内部壁面平整；硐室内风流流动状态为稳态湍流，硐室内没有热交换；不考虑桌椅对硐室风流的影响。在此假设条件下对模型进行了优化处理，结果如图 4-2 所示。

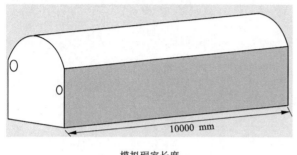
模拟硐室长度

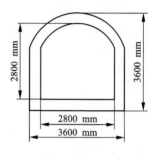
模拟硐室断面尺寸

图 4-2　模拟硐室的基本尺寸参数

参考普朗铜矿地下硐室的实际情况，确定当地气温 10 ℃（283 K），大气压力为 63.264 kPa，空气密度为 0.765 kg/m³，氧气体积分数为 20.9%。供氧管内的氧气浓度为 99.5%，密度为 1.423 kg/m³。对比模拟了 300 Pa、400 Pa 和 500 Pa 三种情况，研究了硐室内增压通风与人工补氧同时的增压增氧过程，其中入口边界条件、进风管边界条件和排风管出口边界条件如表 4-2 所示。

表 4-2　模拟主要参数设置列表

入口边界条件		进风管边界条件		排风管出口边界条件	
边界条件	参数设置	边界条件	参数设置	边界条件	参数设置
入口方式	质量流量入口	入口方式	进气风扇	出口选择	压力出口
水力直径	0.04 m	水力直径	0.4 m	水力直径	0.3 m
湍流强度	1.0%	湍流强度	1.0%	湍流强度	1.0%
氧气质量分数	0.99562%	氧气质量分数	0.23193%	氧气质量分数	0.23193%
进口温度	283 K	温度	283 K		
入口质量流速	0.01722 kg/s	动压设置	24.24 Pa		
		压力跃升	300 Pa		

在模拟研究过程中设置了 6 个监控面，分别为 $X=1.5\ \mathrm{m}$，$Z=-2\ \mathrm{m}$，$Z=-3.5\ \mathrm{m}$，$Z=-5\ \mathrm{m}$，$Z=-6.5\ \mathrm{m}$，$Z=-8\ \mathrm{m}$。同时设置了 5 个监控点，分别为 $(1.5,\ 1.3,\ -2)$，$(1.5,\ 1.3,\ -3.5)$，$(1.5,\ 1.3,\ -5)$，$(1.5,\ 1.3,\ -6.5)$，$(1.5,\ 1.3,\ -8)$，如图 4-3 所示。

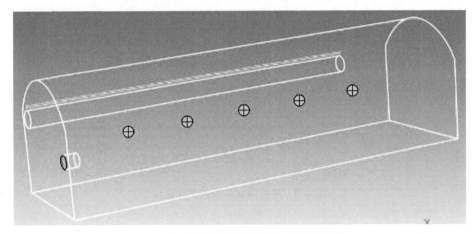

图 4-3　模拟过程的检测面和监测点位置

通过对硐室内部流体的压力场、氧气浓度场、风流速度场进行模拟分析，获得了对应的结果云图，其中重点讨论作业人员活动区域的情况。

4.2.2　硐室流场分布分析

(1)风机增压 300 Pa 模拟情况。

监测面 $X=1.5\ \mathrm{m}$ 为中心截面，其中 $Z=-2\ \mathrm{m}$、$Z=-3.5\ \mathrm{m}$、$Z=-5\mathrm{m}$、$Z=-6.5\ \mathrm{m}$、$Z=-8\ \mathrm{m}$ 处的云图如图 4-4 所示。

(2)风机增压 400 Pa 模拟情况。

其中 $Z=-2\ \mathrm{m}$、$Z=-3.5\ \mathrm{m}$、$Z=-5\ \mathrm{m}$、$Z=-6.5\ \mathrm{m}$、$Z=-8\ \mathrm{m}$ 处的云图如图 4-5 所示。

(3)风机增压 500 Pa 模拟情况。

监测面 $X=1.5\ \mathrm{m}$ 为中心截面，其中 $Z=-2\ \mathrm{m}$、$Z=-3.5\ \mathrm{m}$、$Z=-5\ \mathrm{m}$、$Z=-6.5\ \mathrm{m}$、$Z=-8\ \mathrm{m}$ 处的云图如图 4-6 所示。

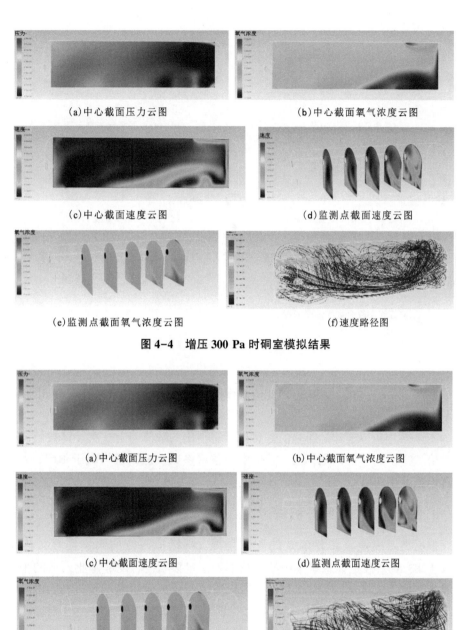

(a)中心截面压力云图　　　　　　　　　(b)中心截面氧气浓度云图

(c)中心截面速度云图　　　　　　　　　(d)监测点截面速度云图

(e)监测点截面氧气浓度云图　　　　　　(f)速度路径图

图 4-4　增压 300 Pa 时硐室模拟结果

(a)中心截面压力云图　　　　　　　　　(b)中心截面氧气浓度云图

(c)中心截面速度云图　　　　　　　　　(d)监测点截面速度云图

(e)监测点截面氧气浓度云图　　　　　　(f)速度路径图

图 4-5　增压 400 Pa 时硐室模拟结果

(a)中心截面压力云图

(b)中心截面氧气浓度云图

(c)中心截面处速度云图

(d)监测点截面速度云图

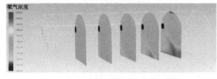
(e)监测点截面氧气浓度云图

(f)速度路径图

图4-6　增压500 Pa时硐室模拟结果

根据300 Pa、400 Pa和500 Pa仿真模拟计算结果可获得残差变化，如图4-7所示。

图4-7中可以看出，残差值是每次计算得出的数值与上一次计算数值之间的差值。参考10^{-3}的判别标准，模拟中的各项参数残差数值均低于10^{-3}，表示仿真模拟结果均有效。

4.2.3　模拟结果分析与讨论

根据高海拔地区矿井硐室的气温情况，将模拟研究的硐室温度设定为10 ℃(283 K)，假定休息硐室中的人员都处于坐姿状态，设定作业人员的平均呼吸带高度为1.3 m。模拟研究设定风机通风与供氧管增氧同步进行，供给氧气与空气发生充分混合。

根据图4-4~图4-6中的速度云图和流线图可知，设置不同风机压强的情况下，风机工作时出风口流速较大。当风流进入硐室内部时，与$Z=-10$ m墙面接触后流速会迅速下降，一部分气流往右上方流动；由于气流遇到壁面阻挡后气流以不均匀的速度进行流动，硐室最内部区域呈现出不平行流动，并伴有回流或涡流；大部分气流在硐室休息区域的中上部分形成低速稳定气流，其中

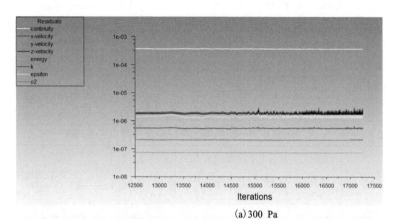

（a）300 Pa

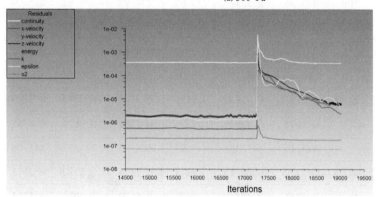

（b）400 Pa

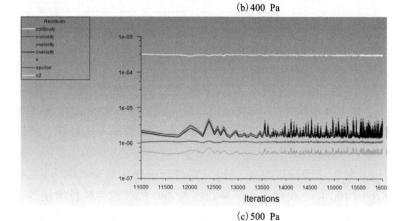

（c）500 Pa

图 4-7　模拟过程中的残差变化

供风管道上方气流速度最小，而排风管处的气流速度迅速增大，并会在排风管附近形成气流小漩涡，可认为是硐室增压后的带压排气的过程。根据流体力学理论可知漩涡处压强低，可以观察到低压强区域主要集中在硐室最内部范围，$Z=-8\sim-2$ m 的作业人员休息区域增压效果比较稳定。具体监测点处数据如表4-3所示。

表4-3   硐室模拟监测点数据表

监测点位置	(1.5, 1.3, -2)	(1.5, 1.3, -3.5)	(1.5, 1.3, -5)	(1.5, 1.3, -6.5)	(1.5, 1.3, -8)	平均值	设定增压值/Pa
监测点压强/Pa	275.08	275.11	275.02	274.95	274.82	275.00	300
氧气体积分数/%	0.2194	0.2196	0.2197	0.2198	0.2193	0.2196	300
速度/($m \cdot s^{-1}$)	0.1385	0.3689	0.2912	0.4180	0.8561	0.4145	300
监测点压强/Pa	360.09	360.12	360.01	359.92	359.75	359.98	400
氧气体积分数/%	0.2181	0.2183	0.2184	0.2184	0.2180	0.2183	400
速度/($m \cdot s^{-1}$)	0.1593	0.4291	0.3328	0.4689	0.9822	0.4745	400
监测点压强/Pa	445.14	445.18	445.04	444.93	444.72	445.00	500
氧气体积分数/%	0.2172	0.2174	0.2174	0.2174	0.2170	0.2173	500
速度/($m \cdot s^{-1}$)	0.1751	0.4741	0.3629	0.5159	1.0930	0.5243	500

由表4-3中300 Pa相关模拟数据可知，五个监测点硐室增压平均值为275 Pa，约为风机增压的91.6%。硐室内休息区域氧气浓度均值为21.96%，超过预计目标值21.9%，说明增氧效果显著。硐室的休息区域平均风速为0.415 m/s，其中最小风速为0.139 m/s，最大风速为0.856 m/s。参考国家风力定级标准，0.0~0.2 m/s属于无风，0.3~1.5 m/s属于一级软风，故该区域人体风感不明显。硐室内大气压提升275 Pa，氧分压提升701.16 Pa，经计算分析，硐室内部氧气体积分数提高5.3%，通过风机增压的奉献率为8.24%。

设定增压400 Pa，硐室内增压平均值为360 Pa，约为风机增压的90%，休息区域的氧气浓度达到21.83%，接近预计目标值21.9%，说明增氧效果明显，但没有300 Pa效果好。这主要是硐室增压较大时，排风管附近的流速加快，加速了供给氧气的流失。硐室的休息区域的平均风速为0.475 m/s，其中最小风速为0.159 m/s，最大风速为0.982 m/s，人体风感不明显。硐室内大气压提升

360 Pa，氧分压提升 637.12 Pa，经计算分析，硐室内部氧气体积分数提高 4.81%，通过风机增压的奉献率为 11.87%。

设定增压 500 Pa，硐室内增压平均值为 445 Pa，约为风机增压的 89%，休息区域的氧气浓度达到 21.73%，接近预计目标值 21.9%，说明增氧效果明显，相对于 300 Pa 和 400 Pa 增氧效果降低。这主要是硐室增压越大，排风管附近的流速加快，加速了供给氧气的流失。硐室休息区域的平均风速为 0.52 m/s，其中最低风速为 0.175 m/s，最大风速为 1.09 m/s，人体风感不明显。硐室内大气压提升 445 Pa，氧分压提升 591.97 Pa，经计算分析，硐室内部氧气体积分数提高 4.3%，通过风机增压的奉献率为 15.8%，相对于 300 Pa 和 400 Pa 风机的增压增氧效果得到提升。

4.3　硐室增压增氧调控系统设计

通过上述模拟研究可知，对矿井地下硐室的增压、增氧联合调控方式可实现硐室内氧气体积分数的合理提升，为了将上述模拟研究成果应用于现场实践，需要研究硐室增压、增氧的实现方法。

4.3.1　硐室增压控制方法

矿井地下硐室增压效果取决于进风、出风量平衡时硐室内部能够维持的压力。设进风量为 $Q_0 = 60 \text{ m}^3/\text{min}$，出风量为 Q_1，根据平衡条件 $Q_0 = Q_1$，设定硐室增压 100~500 Pa 范围，由伯努利方程可知：

$$P_1 + \frac{\rho_1 v_1^2}{2} + \rho g h_1 = P_2 + \frac{\rho_2 v_2^2}{2} + \rho g h_2 \qquad (4-6)$$

式中：P_1 为进风口压力值，Pa；P_2 为排风口压力值，Pa；ρ、ρ_1、ρ_2 分别为硐室内密度、进口风流密度、排风风流密度，kg/m³，取 $\rho = \rho_1 = \rho_2$；v_1、v_2 为进风口风速、排风口风速，m/s；g 为当地重力加速度，m/s²；h_1、h_2 为进风口、排风口所在高度，m，取 $h_1 = h_2$。

进风管直径 D，进风口风速 v_1，排风管直径 d，则有：

$$v_1 = \frac{4Q_0}{\pi D^2}, \quad v_2 = \frac{4Q_1}{\pi d^2} \qquad (4-7)$$

考虑进风口到排风口的压力损失值为 P_t，硐室压强：

$$\Delta P = P_1 - P_2 - P_t = \frac{v_2^2 - v_1^2}{2} - P_t \qquad (4-8)$$

根据模拟研究结果，在预设硐室增压为 300 Pa、400 Pa 和 500 Pa 时，对应的增压效果分别为 275 Pa、360 Pa 和 445 Pa。

（1）风压分析。

硐室增压所产生的压力通常会受到外部因素的干扰，为了满足硐室内部压力增加的目标，实现排出硐室内有毒有害气体和粉尘的要求，需要进行硐室外部风压的核算。具体的计算公式为：

$$P = \frac{u}{2}\rho v^2 \qquad (4-9)$$

式中：P 为风压，Pa；u 为风压系数，取 0.9；ρ 为当地空气密度，kg/m³，海拔 3800 m 取 $\rho = 0.765$ kg/m³；v 为风速，m/s²。

根据《金属非金属矿山安全规程》规定阶段的主要进、回风道最高风速为 8 m/s 的标准，对硐室外部风压进行了核算，如式（4-9）所示。结果表明风压 P 值要远小于 ΔP 值，满足风压要求。

$$P = \frac{u}{2}\rho v^2 = 22 \text{ Pa} \qquad (4-10)$$

（2）人体受压力影响分析。

按照之前的设定，作业人员身高 170 cm，体重 60 kg，所能承受的最大压强为 6.96×10^4 Pa，硐室内增压的压力值远低于人体的极限压强值，作业人员身体不会因增压造成不利影响。

（3）硐室密闭门设计。

硐室密闭门采用向外打开的设计方案，有利于作业人员快速疏散与出入。增压范围宜为 100~500 Pa，压差较大容易导致密闭门开关比较困难，易造成人身伤害。

综上所述，从经济适用、安全可靠的角度出发：第一，硐室无人值守时，硐室增压值设定为 22 Pa，保持压力检测系统正常工作，防止外部有毒有害物质进入硐室；第二，硐室有作业人员时，硐室增压值设定为 275 Pa，此时硐室内部的增压增氧效果最好，同时与供氧管增氧系统配合经济最合理，且能满足提升 5%氧分压的预设目标。硐室增压控制系统逻辑如图 4-8 所示。

通过传感器检测并判断硐室内是否有人活动，是否需要启动有人运行模式；在无人或无须按照有人模式值守时，可以显著降低风机运行能耗和其他运维费用。

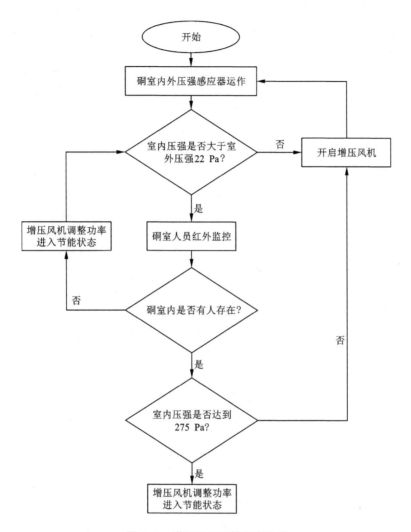

图 4-8　增压通风逻辑程序设计

4.3.2　硐室增氧控制方法

按照预期提高高海拔地区矿井氧含量提高 5％的预设研究目标，通过通风机单一方式实现增加上千帕斯卡的作业面压力是不现实的。根据第 4.2.3 节的研究结论可知，通风增压对增氧的贡献率不到 20％。其中当海拔 3800 m 氧分压提升 5％时，供氧管的增氧调节贡献率为 91％，因此人工增氧是硐室增压增氧调控系统中的关键部分和环节。

综合考虑矿山地下硐室制氧条件和日常管理的要求，拟采用医用氧气钢瓶和自动调节阀门来实现定量化的调控供氧量。为了避免氧气的无效浪费，按照有人、无人两种运行模式来考虑，人工增氧调节的逻辑控制如图4-9所示。

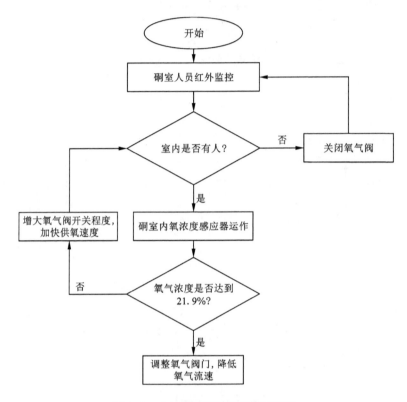

图4-9　人工增氧调节逻辑程序设计

通过硐室红外监控装置实时检测作业人员活动情况，当硐室内无人员活动时，关闭人工供氧系统功能，仅依靠增压风机维持硐室的通风状态并保持适当正压正态；当有人员活动时，开启人工供氧系统，使硐室内的氧气浓度迅速提升至预设值21.9%。通过自动控制系统实时检测硐室内的氧气浓度，通过风机和控制阀门来调节人工供氧的强度，保持硐室内的氧浓度符合预期值，并最大程度利用人工增氧部分的氧气，避免有限的氧气资源浪费，节约增氧系统运行的成本。

4.3.3　硐室风门调控实施方案

在矿山实际生产过程中,各类地下采矿工程会随着采矿作业、矿石变化而不断调整与变化。例如井下硐室建设会跟随开采工程布置而动态调整,传统井下硐室建设过程中,会留下大量闲置的一次性的密闭工程设施,造成井下有限资源的不必要浪费。为此提出了一套可移动式的密闭风门和装配式通风设施技术方案。

1. 可移动式密闭风门的组成

可移动式密闭风门,主要由三个部分组成:①主框架部分,密闭门、门框结构、门支架、滚轮(带锁车器);②电控部分,电动充气泵、支撑垫,伸缩杆、伸缩杆电控装置和锁止装置;③外部,柔性气囊,定制出进风管、氧气管、排气管的安装位置通道。结构如图 4-10 所示。

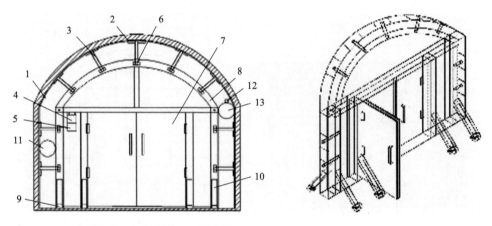

1—定制气囊;2—支撑垫;3—伸缩固定杆;4—电动气泵;5—伸缩杆固定电控装置;
6—伸缩杆锁定装置;7—密闭门;8—门框结构;9—滚轮(带锁车器);10—门支架;
11—排风管;12—供氧管;13—进风管。

图 4-10　可移动式密闭门

具体实施过程可分为三个步骤:①初步固定。首先将整套可移动式密闭门组装成型,然后用滚轮将密闭门移动至预安设位置,利用锁车器锁死滚轮进行地面固定,防止门体滑动。②四周固定:开启伸缩杆电控装置,利用伸缩杆和支撑垫贴合巷道壁面的固定作用,将门框架四周固定,随后将固定好的支撑杆锁止。③充气调整:开启电动充气泵,使气囊时刻处于充盈状态,贴合巷道壁面和管道部分；考虑壁面不平整和气囊间的贴合程度有限，适当采取人工调节的办法进行封堵，以达到临时密闭门的最佳效果。

可移动式密闭门具有以下优点：①方便，由多个部件组装而成，方便拆卸和重复利用。②灵活，拥有移动功能，在两位工人的配合下即可移动，可适当调整封闭空间体积，而不受空间的限制。③适应性强，门框架小而坚固适合高海拔地区各类巷道和硐室断面尺寸，伸缩杆和支撑板的灵活伸缩可适应各类巷道或硐室壁面，多点支撑起到良好的固定效果。④气密性较好，定制化气囊可适应各类硐室通风管道位置，工作环境下时刻处于充盈状态，能够有效保持周边壁面的贴合气密性，结合人工管理能实现高气密性的效果，能够保证增压增氧硐室的高效运作。

2. 装配式通风设施

传统的矿山都是采用现浇的通风设施施工技术思路，在借鉴装配式建筑施工思路的基础上，提出装配式通风设施的技术方案，如图4-11所示。

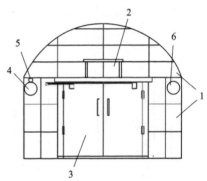

1—装配式墙体；2—风窗；3—风门；4—进风管；5—供氧管；6—排风管。

图4-11　装配式通风设施

矿山井下施工工程存在施工周期长，容易产生大量废弃物和粉尘等影响矿井环境的施工副产物的问题。本技术方案由装配式风窗、风门和墙体等构件组成，墙体组件可以定制和预留进风管、供氧管、排风管等管线位置；采用装配式方式能够提高井下施工作业的效率，摆脱井下作业空间狭小的制约；通过地面工厂式的预制，将各预制件运输至井下施工现场，实现井下快速安装与施工，加快施工进度。装配式通风设施具有安全、高效、经济与环保等诸多优势。

第 5 章

矿用新型环形空气幕富氧装置研制

5.1 新型环形空气幕富氧装置设计

采用供氧管与环形空气幕相结合的方式，设计了一种高海拔矿井作业面富氧的人工供氧设备。即在作业人员活动区域内进行弥散式供氧，环形空气幕在作业人员四周形成空气屏障，减缓氧气扩散流失，提高工作区的氧含量，保障作业人员身体健康与提高工作效率。

5.1.1 环形空气幕富氧技术原理

新型环形空气幕富氧装置的工作原理如图 5-1 所示，装置主要由通风圆盘、供风管、可伸缩供氧软管、供氧管、氧气源、水平滑轨、垂直滑轨、吊杆、可移动滑杆、风机等部分组成。

环形空气幕富氧装置工作原理：①通风圆盘上表面设有供风管连接口，供风管一端外接风机，通过供风管向通风圆盘内部输送空气。如图 5-2 所示，在通风圆盘下表面分别设置圆孔出风口和环形缝隙出风口。②供氧管采用可伸缩软管，供氧管穿过圆盘中心与氧气源连接；氧气源可采用氧气钢瓶或制氧机，经可伸缩供氧软管将高浓度氧气输送到作业人员活动区域，作业人员可根据需要来调节伸缩供氧软管。③通风圆盘通过可移动滑杆连接水平滑轨，水平滑轨通过另一个可移动滑杆连接垂直滑轨，垂直滑轨通过吊杆固定在巷道顶板；风机通过供风管向通风圆盘输送空气，空气经通风圆盘下方的通风孔射流雾化喷出，形成环形空气幕，阻断或减缓氧气流失，在通风圆盘下方形成局部富氧环境，提高供给氧气的有效利用率。

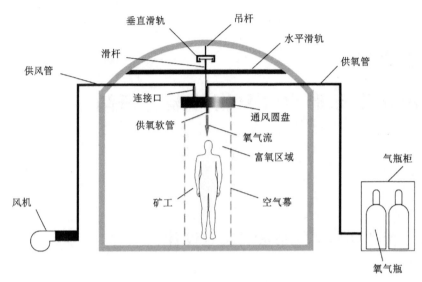

图 5-1 环形空气幕工作原理

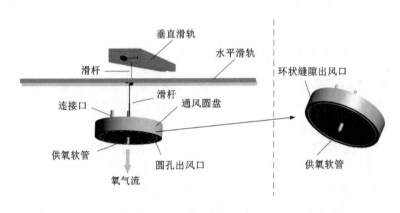

图 5-2 通风圆盘结构

5.1.2 构建物理分析几何模型

为研究矿井作业面环形空气幕富氧装置的应用效果，以云南普朗铜矿海拔 3400 m 巷道为原型，构建了宽 3.0 m、高 2.3 m 和总断面积 6.3 m² 的三心拱掘进巷道模型，如图 5-3 所示。

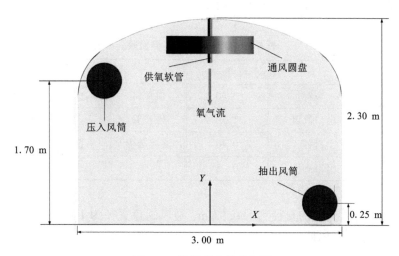

图 5-3　模拟研究巷道剖面

　　模拟研究假设空气为不可压缩流体，流场为稳态流场，将供氧设备固定于距离掘进工作面 3 m 的位置。滑轨位于巷道顶板，忽略其对巷道风流的影响，巷道通风系统结构如图 5-4 所示。

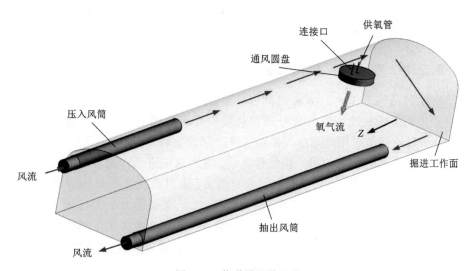

图 5-4　巷道供风管结构

物理模型的相关参数如表 5-1 所示。

表 5-1　物理模型相关参数表

类型		参数/m	类型		参数/m
压入风筒	直径	0.40	供氧管	直径	0.03
	出口高度	1.70	供风管	直径	0.03
抽出风筒	直径	0.40	通风圆盘	直径	1.00
	出口高度	0.25			

供氧管与供风管的直径都为 0.03 m，通风圆盘直径为 1 m；压入风筒出口高度 1.7 m、抽出风筒出口高度 0.25 m，抽压比为 0.6。

5.2　新型空气幕与单一供氧管模式对比

为了对比新型矿用环形空气幕供氧装备与传统的单一使用供氧管输送氧气模式的供氧效果，开展了两种方式的对比模拟研究。作业人员呼吸带取距离巷道底板高 1.0~1.6 m 的区域，其中重点分析环形空气幕包围区域内的呼吸带氧气分布情况。

5.2.1　对比模拟结构与参数

在距离掘进工作面 1~6 m 内均匀取 6 个横截面，如图 5-5 所示。通过分析掘进工作面区域氧气质量分数分布和巷道中心纵截面的氧气质量分数分布情况，分析讨论新型矿用环形空气幕对富氧效果的影响规律。

模拟研究对比方案 1 单一供氧管模式。在距离掘进工作面 3 m 的位置放置供氧管。如图 5-6 所示，供氧管出口垂直向下，距离底板高度 1.8 m；供氧管直径 0.03 m；供氧管出口氧气流速设置为 6.8 m/s，供氧量为 0.0048 m³/s。

对比方案 2 供氧管与环形空气幕相结合模式。在作业人员活动区域进行弥散式供氧，空气幕在作业人员四周形成空气屏障；通风圆盘直径为 1 m，圆盘下表面均匀设置 20 个通风孔；通风孔出口距离底板高度为 2.0 m，通风孔直径为 0.03 m。

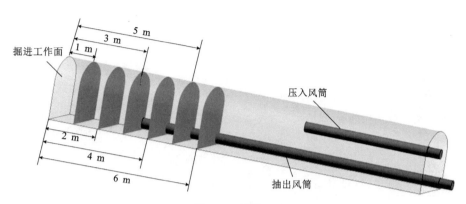

图 5-5 横截面

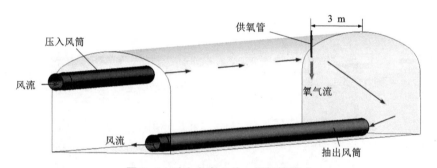

图 5-6 对比方案 1 单一供氧管模式

5.2.2 两组模拟结果对比分析

对比方案 1 和对比方案 2 的模拟研究结果如图 5-7 所示。

从图 5-7 可以看出,两个对比方案中的氧气均有向左扩散的趋势,这是压入风筒出口风流带动作用的结果。从压入风筒流出的新鲜风流以逐渐扩大的自由气流方式流向作业面,风筒出口的射流出口气流速度大于周围空气,在正向流动的过程中会不断带动周边空气流动,使射流流体的风量、射流截面不断增大,带动巷道左侧气体流动。

对比方案 1 中,氧气存在向左下方扩散的趋势,部分氧气堆积在巷道底板上,易造成氧气的浪费。对比方案 2 中氧气随巷道中气流扩散范围有所减小,氧气主要集中在通风圆盘下方的呼吸带范围内。在氧气资源有限的条件下,对

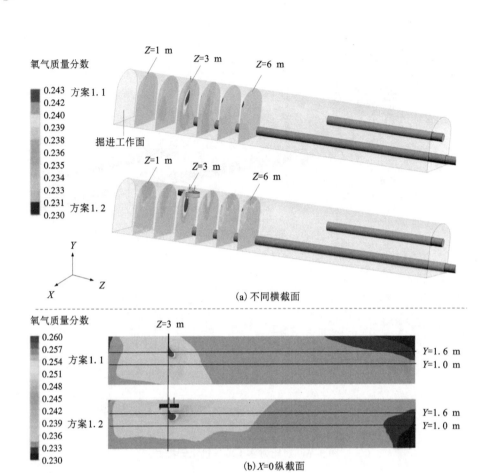

(a) 不同横截面

(b) X=0 纵截面

图 5-7　氧气质量分数模拟分布

比方案 2 的模拟结果符合预期效果，通风圆盘所形成的环形空气幕，减缓了氧气扩散流失，提高了作业人员呼吸带范围氧气含量。

以环形空气幕包围区域为研究对象，取呼吸带 1.0~1.6 m 氧气质量分数进行数值分析，分别导出 150 个位于环形空气幕包围区域呼吸带 1~1.6 m 的测试点的氧气质量分数。对比方案 1 和对比方案 2 的呼吸带平均氧气质量分数分别是 25.28% 和 26.42%，供氧管与环形空气幕比单一供氧管的供氧模式平均提升 1.14%，富氧效果差异比较显著。

5.3　出口形式和供风量对富氧效果的影响

为了进一步研究井下作业面氧气分布与通风孔的出口形式、供风量的关系，进一步优化空气幕供氧效果，降低空气幕运行成本，提出了圆孔出口、环状缝隙出口的两种通风孔的出口形式。圆孔出口的直径分别为 0.03 m 和 0.02 m 的模型，环状缝隙出口的宽度分别为 0.010 m 和 0.015 m。对比分析环形空气幕包围区域呼吸带范围内的平均氧气质量分数的分布特征。

5.3.1　富氧效果模拟参数设定

通风孔为圆孔时，供风量分别设置为 0.014 m^3/s、0.028 m^3/s 和 0.056 m^3/s，相关参数设置与呼吸带平均氧气质量分数如表 5-2 所示。对比方案 A 的圆孔数量为 20 个，对比方案 B 的圆孔数量为 24 个，对比方案 C 的圆孔数量为 24 个，对比方案 D 的圆孔数量为 28 个。

表 5-2　圆孔出口参数设置与呼吸带平均氧气质量分数

对比方案		圆孔直径 /m	圆孔数量 /个	供风量 /($m^3 \cdot s^{-1}$)	平均氧气质量 分数/%
方案 A	方案 1.2	0.03	20	0.014	26.42
	方案 2.1			0.028	26.29
	方案 2.2			0.056	25.21
方案 B	方案 2.3	0.03	24	0.014	25.50
	方案 2.4			0.028	25.08
	方案 2.5			0.056	25.51
方案 C	方案 2.6	0.02	24	0.014	26.84
	方案 2.7			0.028	27.27
	方案 2.8			0.056	26.83
方案 D	方案 2.9	0.02	28	0.014	27.22
	方案 2.10			0.028	26.69
	方案 2.11			0.056	26.97

根据模拟计算结果导出 150 个环形空气幕包围区域呼吸带内的测试点数据，然后计算得到氧气质量分数平均值。通风孔为环状缝隙出口时，缝隙宽度分别选取 0.010 m 和 0.015 m，开展了对比方案 E 和对比方案 F 的模拟研究，具体的参数设置与呼吸带平均氧气质量分数如表 5-3 所示。

表 5-3 环状缝隙出口参数设置与呼吸带平均氧气质量分数

对比方案		环状缝隙宽度/m	供风量/(m³·s⁻¹)	平均氧气质量分数/%
方案 E	方案 3.1	0.010	0.014	27.59
	方案 3.2		0.028	26.18
	方案 3.3		0.056	25.16
方案 F	方案 3.4	0.015	0.014	26.58
	方案 3.5		0.028	26.81
	方案 3.6		0.056	27.06

研究使用热图来表示不同出口形式、风量下的平均氧气质量分数，如图 5-8 所示。

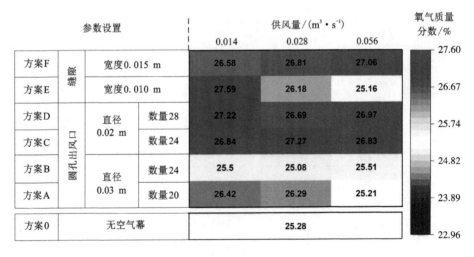

图 5-8 氧气质量分数分布热图

从图 5-8 可以看出, 采用环形空气幕后, 呼吸带的平均氧气质量分数大部分是高于单一供氧管道供氧方式。其中方案 B 和方案 A 存在氧气质量低于无空气幕时情况, 说明氧气分布受到多种因素影响, 还需要做进一步的分析研究。对比方案 C 和方案 D 的平均氧气质量分数高于方案 A 和方案 B, 说明圆孔气孔直径为 0.02 m 的优于 0.03 m。可以认为在相同风量条件下, 圆孔出口的直径越小, 射流雾化效果越好, 能够更好地阻止氧气的扩散流失。对比研究发现, 方案 E 的风量为 0.014 m³/s 时, 氧气质量分数达到最大值 27.59%, 比方案 C 和方案 D 中最优组的氧气质量分数还高 0.32%。供风量对环形空气幕富氧效果有比较大的影响, 但氧气质量分数高低与供风量大小无明显规律。

5.3.2　富氧效果模拟结果讨论

根据对比模拟研究方案, 获得了不同对比方案的模拟结果的氧气质量分数分布云图, 其中对比方案 A 和方案 B 的结果如图 5-9 所示。

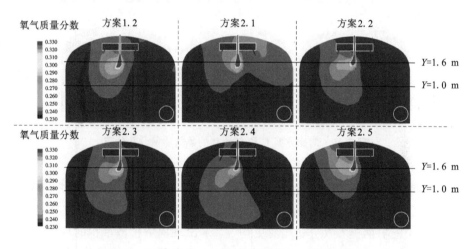

图 5-9　对比方案 A 和方案 B 的氧气质量分数分布

在方案 A 和方案 B 中, 氧气从供氧软管流出后, 均有向巷道左侧扩散的趋势, 巷道右侧的氧气质量分数较低。方案 2.1 的氧气在巷道两侧分布相对均匀, 但氧气有向上扩散蔓延趋势, 堆积在通风圆盘上方。方案 2.2 和方案 2.4 的氧气向左扩散流动的范围较大, 受到压入风流的影响更大, 氧气流失严重, 导致两组模拟的平均氧气质量分数都低于单一供氧管供氧模式。其中方案 2.4 的氧气有向下扩散堆积的趋势, 会导致氧气的有效利用率进一步降低。方案 2.3 和方案 2.5 的氧气质量分数在巷道两侧分布不均, 导致呼吸带内的整体氧气含量并不高。方案 1. 2 的平均氧气质量分数达到最高 26. 42%，其圆孔出口直径为 0. 03 m，圆孔数量为 20 个，供风量为 0. 014 m³/s。

对比方案 C 和方案 D 的结果如图 5-10 所示，方案 2. 6 和方案 2. 10 都出现了部分氧气堆积在巷道顶板的现象，其平均氧气质量分数低于方案 C 和方案 D 中的其他对比模拟方案。其中方案 2. 7、方案 2. 8、方案 2. 9 和方案 2. 11 的氧气流受到压入风筒风流影响减小，氧气在环形空气幕包围区域内分布最为均匀，平均氧气质量分数高于方案 C 和方案 D 中的其他对比模拟方案。

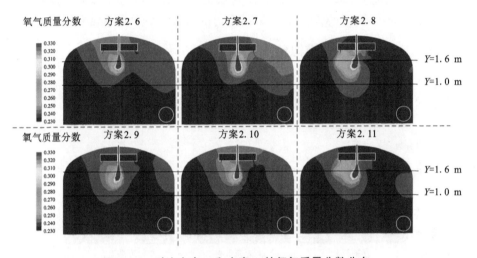

图 5-10　对比方案 C 和方案 D 的氧气质量分数分布

与对比方案 A 和方案 B 相比，方案 C 和方案 D 的平均氧气质量分数更高，最大值达到 27. 27%，高浓度氧气大部分集中在环形空气幕包围区域呼吸带范围内；巷道左右两侧氧气分布相对更均匀，未出现向下扩散堆积的现象，最低氧气质量分数也达到了 26. 69%，比方案 A 和方案 B 中的最优组还高出了 0. 27%。因此可以认为，0. 02 m 圆孔直径的富氧效果整体优于圆孔直径 0. 03 m 的情况。

对比方案 E 和方案 F 的结果如图 5-11 所示。方案 3. 1 的供氧氧气流受到压入风筒风流影响较小，氧气主要集中在环形空气幕包围区域内，且分布较为均匀，平均氧气质量分数达到 27. 59%。方案 3. 3 氧气向巷道顶板处附近区域扩散堆积，使得氧气质量分数低于单一供氧管供氧模式。方案 3. 2、方案 3. 4、方案 3. 5 和方案 3. 6 氧气均出现向巷道左侧扩散的趋势，氧气在巷道两侧分布不均匀，氧气质量分数低于方案 3. 1。

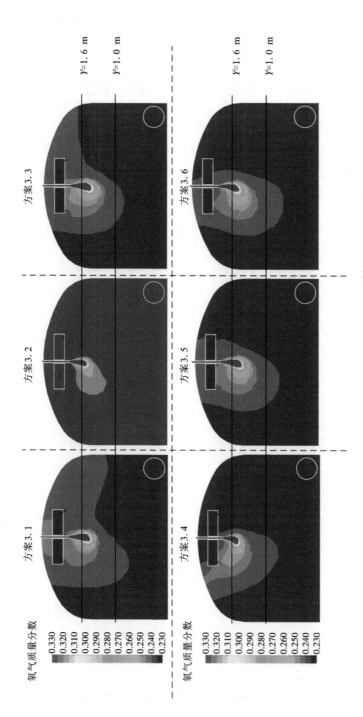

图 5-11　对比方案 E 和方案 F 的氧气质量分数分布

　　与对比方案 A 和方案 B 相比，方案 E 和方案 F 均未出现氧气向下扩散堆积现象，氧气呈现向巷道左侧扩散的趋势；高浓度氧气主要集中在环形空气幕包围区域内，最大的氧气质量分数达到 27.59%，比方案 C 和方案 D 的最优组提高了 0.32%。因此方案 3.1 达到了最佳富氧效果，其环状缝隙宽度 0.01 m，供风量为 0.014 m^3/s。

　　根据上述模拟结果，获得了环形气幕封闭区域、不同高度的平均氧气质量分数分布，结果如图 5-12 所示。对比分析距离巷道底板不同高度横截面的平均氧气质量分数的变化，可以发现氧气质量分数经历了相对稳定阶段和快速生长期两个阶段。

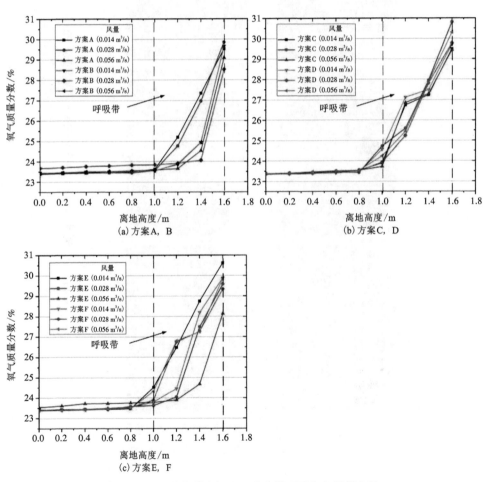

图 5-12　距离巷道底板不同高度的平均氧气质量分数

从图 5-12 可以看出，随着高度的增加，初期的氧气质量分数的增长缓慢，但高度超过 1.0 m 以后，氧气质量分数的增长速度迅速提升。供氧管出口附近的氧气流的流动速度较大，由于受到周围空气黏性阻力的作用，氧气的扩散速率和扩散能力迅速减弱；当氧气扩散到距离地面 1.0 m 时，进入一个相对稳定的衰变过程，直至接近周围空气中的氧气质量分数。

结合氧气质量分数分布图可以发现，所有模拟方案在高度 1.6~1.8 m 时的氧气质量分数均大于 48%，远高于其他高度。供给氧气从供氧管流出后，发生对流扩散、浓度差驱动的扩散过程，由于流速和浓度差越大，其扩散的范围越广。由于 1.6~1.8 m 的区域靠近供氧管出口，供给的氧流的速度和浓度都较大，因此表现为该区域平均氧气质量分数较高。

5.3.3　氧气分布均匀性分析

采用云模型对各方案的氧气分布均匀性进行了分析，其中方案 1.1 和方案 1.2 的分布均匀性结果如图 5-13 所示。

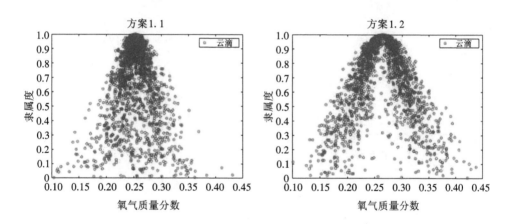

图 5-13　对比方案 1.1 和方案 1.2 的氧气质量分数云模型分析结果

方案 1.1 的分析结果表明，其氧质量分数分布主要集中在 [0.10, 0.40]，方案 1.2 的分布主要集中在 [0.15, 0.45]。方案 1.1 云层厚度要大于方案 1.2，说明方案 1.1 的氧气质量分数分布更加混乱。因此空气幕富氧装置不仅可以提高氧气的质量分数，还能减少巷道气流对供给氧气的干扰，使氧气分布更加均匀。

根据以上模拟结果,选取模拟方案中平均氧气质量分数最高的四组(方案2.7,方案2.9,方案3.1和方案3.6)进行氧气分布特征分析,云模型数据处理后的结果如图5-14所示。

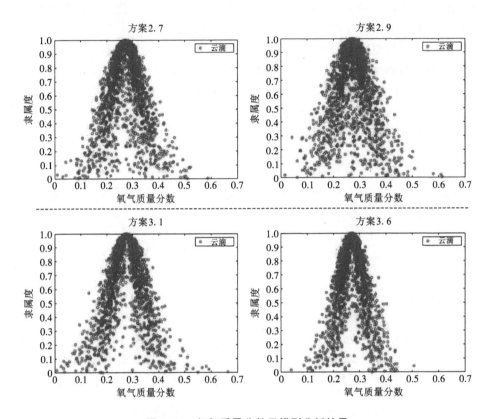

图5-14 氧气质量分数云模型分析结果

从图5-14可以看出,方案2.7和方案2.9的云层厚均大于方案3.1和方案3.6,说明后者的氧气分布更加均匀。方案3.1的氧气质量分数跨度较大,部分质量分数分布在0.1和0.7之外。方案3.6的氧气分布比较均匀,但其平均氧气质量分数为27.06%,低于方案3.1的27.59%。由于氧气资源供给的有限性,较高的平均氧气质量分数、均匀性差异较小更符合实际生产的要求。因此方案3.1是最优供氧参数,即环状缝隙出口宽度0.01 m,供风量0.014 m³/s。

5.4 新型环形空气幕富氧装置优化研究

通过第 5.3 节的研究结果获得了最佳的环形空气幕出口形式为环状缝隙出口。供风量对新型环形空气幕富氧效果具有较大的影响，为进一步分析不同供风量下的影响规律，采用室内实验的方法研究了新型环形空气幕富氧装置的有效性和稳定性。

5.4.1 环形空气幕富氧装置实物模型

室内实验制作的环形空气幕富氧装置实物装置，如图 5-15 所示，其构成结构和工作原理如下。

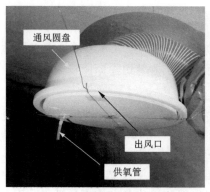

(a)环形空气幕出口

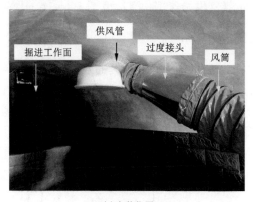

(b)泡沫切割成型

(c)安装位置

图 5-15 环形空气幕富氧装置制作过程

(1)通风圆盘的外部为一塑料圆盘,考虑环形空气幕内部实验室只站立一名作业人员,圆盘直径选取 0.6 m;通风圆盘内部由白色聚苯乙烯泡沫(EPS)板块填充,通过切割泡沫控制通风圆盘下表面的出口宽度为 0.01 m,出口离地高度为 1.85 m,如图 5-15(a)所示。

(2)供风管采用透明塑料伸缩软管,可任意伸缩不变形;管内壁光滑,确保了管内气体流畅通行,通风阻力系数较小;供风管直径为 0.2 m,其一端连接通风圆盘上表面,另一端通过转接接头连接风筒,风筒与风机连接。供氧管采用耐压软管,直径为 0.01 m,安装在人体的斜上方,管道中心距离地面高度为 1.75 m。

(3)作业人员在进行生产作业时必须佩戴安全帽,同时安全帽会对空气幕包围区域内风流流动与氧气分布有较大影响,因此参与实验的人员都须佩戴安全帽。通风圆盘安装在距离矿井工作面 3 m 的位置。

5.4.2　现场实验测试方案与仪器

室内实验位于中南大学地下工程实验室,选取与第 5.3 节模拟模型尺寸接近的一段地下巷道,实验场地如图 5-16 所示。实验巷道总断面积为 6.3 m²,高度为 2.3 m,宽度为 3 m,长度为 18 m。

实验平台包括风机、风筒、变频器、氧气源、供氧管、新型环形空气幕富氧装置。氧气源由氧气瓶、压力阀、气瓶柜组成。氧气瓶连接压力阀和耐压供氧管将氧气输送到实验巷道工作面,采用隔爆型对旋轴流风机。

如图 5-16 所示,采用 KM9206 综合烟气分析仪测量氧气质量分数,测量精度-0.1%~0.2%;采用 Fluke F923 风速仪测量巷道内各监测点风速;采用 LZT 系列管道式流量计测量氧气供给速率,测量范围 1.6~16 m³/h。

5.4.3　实验测试流程介绍

实验前期准备工作。按照室内实验方案的要求,连接好风机、风筒、空气幕和供氧管等,检查各连接是否符合测试要求,氧气钢瓶压力是否正常;检查各实验仪器设备是否正常工作。测量得出实验巷道的温度 13℃、大气压 101.73 kPa 和氧气质量分数 23.04%。

实验前调试工作。等待风机运行 30 min 稳定后,通过变频器调控轴流风机功率与转速,测量并记录不同运行状态下的空气幕出口风速,如表 5-4 所示。

(a)实验巷道

(b)实验风筒

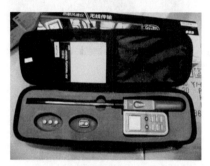

(c) 综合烟气分析仪(KM9206)

(d) Fluke F923 风速仪

图 5-16　室内实验场场景布置

表 5-4　轴流风机功率与空气幕出口风速

轴流风机功率 /Hz	空气幕出口风速 /(m·s⁻¹)	轴流风机功率 /Hz	空气幕出口风速 /(m·s⁻¹)
2.13	1.0	4.00	2.5
2.44	1.5	4.98	3.0
2.71	2.0		

　　采用风速仪和氧气测量仪对实验巷道的风速、氧气质量分数进行了初测，观察风速和氧气质量分数测量结果是否稳定。参考模拟结果的最优参数，将供氧流量调整为 0.00067 m^3/s。

　　室内实验测量阶段，待实验各系统运行稳定后，佩戴安全帽的实验人员站在环形空气幕装置正下方，如图 5-17(a)所示。

(a)

(b)

图 5-17　室内实验过程

连续供氧通风 5 min 后，按照实验方案对各区域参数进行测量。首先距离底板每隔 0.2 m 的距离测量风速、氧气质量分数，测量范围为距离底板 0.2~1.8 m；接着在安全帽帽檐顶部、人体口鼻处、人体头部背后，如图 5-17(b)中的 a、b、c 所示位置，分别均匀地取 8 个点来测量氧气质量分数。

实验结束后，首先关闭氧气减压阀，然后关闭轴流风机，等系统完全停止后切断所有电源。

5.4.4　实验测试结果与讨论

通过室内实验研究，经多次测量获得平均的实验数据，结果如表 5-5 和表 5-6 所示。表 5-5 包含了不同高度截面的平均氧气质量分数和平均风速。

表 5-5　不同高度截面的平均氧气质量分数和平均风速

高度/m	0.2	0.4	0.6	0.8	1.0	1.2	1.4	1.6
出口风速/(m·s⁻¹)	平均氧气质量分数/%							
1.0	24.07	24.00	24.16	23.90	24.24	25.51	24.21	23.94
1.5	23.50	23.53	23.37	23.71	24.00	24.33	24.21	25.04

续表5-5

高度/m	0.2	0.4	0.6	0.8	1.0	1.2	1.4	1.6
2.0	23.57	23.66	23.59	23.73	23.89	23.88	23.95	29.69
2.5	23.76	23.90	23.91	24.16	24.21	24.32	24.41	24.39
3.0	23.56	23.46	23.58	23.63	23.87	24.01	25.22	26.65
出口风速/(m·s⁻¹)	平均风速/(m·s⁻¹)							
1.0	0.11	0.07	0.14	0.16	0.16	0.29	0.31	0.34
1.5	0.07	0.04	0.06	0.18	0.24	0.27	0.30	0.36
2.0	0.10	0.17	0.23	0.30	0.44	0.47	0.44	0.41
2.5	0.17	0.26	0.30	0.40	0.41	0.48	0.43	0.60
3.0	0.23	0.34	0.61	0.69	0.53	0.53	0.38	0.83
空气幕关闭	24.80	25.04	25.50	26.50	25.31	24.84	24.21	24.48

表5-6 所示为人体头部周围平均氧气质量分数和平均风速。

表 5-6　人体头部周围平均氧气质量分数和平均风速

位置	安全帽帽檐顶部	人体口鼻处	人体头部背后
出口风速/(m·s⁻¹)	平均氧气质量分数/%		
1.0	25.74	26.42	23.44
1.5	25.69	24.55	23.37
2.0	32.01	25.08	23.40
2.5	25.44	25.99	23.52
3.0	24.36	26.00	23.03
出口风速/(m·s⁻¹)	平均风速/(m·s⁻¹)		
1.0	0.08	0.19	0.16
1.5	0.16	0.18	0.36
2.0	0.38	0.27	0.41
2.5	0.24	0.33	0.20
3.0	0.39	0.49	0.79
空气幕关闭	25.17	24.97	23.93

　　为了更直观地对比在不同空气幕出口风速作用下，环形空气幕包围区域内不同高度截面的平均氧气质量分数与人体周围风速变化，将实验所得数据（表5-5、表5-6）转为曲线（图5-18、图5-19）。

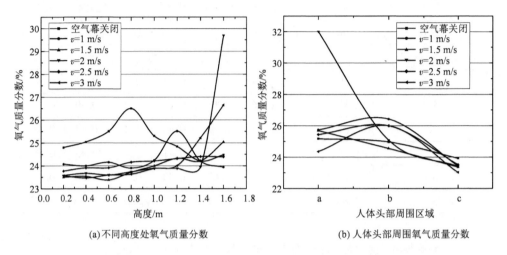

(a)不同高度处氧气质量分数　　　　　　(b) 人体头部周围氧气质量分数

图5-18　不同空气幕出口风速下的氧气质量分数分布

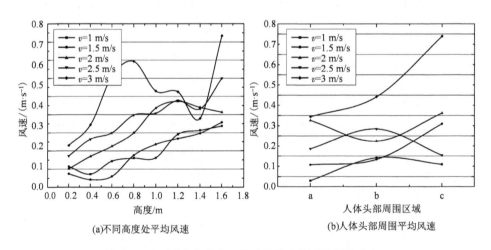

(a)不同高度处平均风速　　　　　　(b)人体头部周围平均风速

图5-19　不同空气幕出口风速下的人体周围风速分布

从图 5-18(a)中可以看出，当空气幕关闭时，供氧管内供给的氧气大量向巷道底板堆积，在呼吸带范围内(即距离底板 1.0~1.6 m)的氧气质量分数反而低于巷道底板周围区域，造成氧气资源的浪费。开启空气幕之后，呼吸带范围内氧气质量分数整体都要高于巷道底板周围区域。从图 5-18(b)中可以看出，安全帽帽檐顶部的氧气质量分数较高。当空气幕出口风速为 2 m/s 时，安全帽的帽檐顶部的氧气质量分数为 32.01%，远高于人体口鼻处的氧气质量分数，说明帽檐顶部存在较严重的氧气堆积问题；由于人体头部对氧气流的阻挡，人体头部背后区域的氧气质量分数提高较少。

　　从图 5-19(a)中可以看出，当空气幕出口风速小于 3 m/s 时，人体周围的风速随着高度的降低大致呈稳定减小的趋势。当出口风速达到 3 m/s 时，人体周围的风速呈现两个阶段的变化：随着高度的降低，风速先迅速减小再波动上升；当高度小于 0.6 m 时，风速又迅速减小至 0.23 m/s。当空气幕出口保持不变，出口风速越大时，空气幕流出的气流在接触地面后反弹引起大量气流乱窜，导致人体周围风速变化波动较大。从图 5-19(b)中可以看出，当空气幕出口风速小于 3 m/s 时，人体头部周围的风速差异较小；当出口风速达到 3 m/s 时，安全帽帽檐、人体口鼻处和人体头部背后三个区域的风速差异较大。

第 6 章

矿井局部人工增氧调控方法与模拟研究

金属矿山井下掘进作业面是矿山开采过程中的主要工作区域，相对整体矿山通风系统而言，掘进作业面位于通风系统的末端，通风效果通常比较差，加上爆破、内燃机械和人员耗氧，掘进作业面的氧气质量分数较其他区域更低。矿井局部人工增氧调控技术的使用需要考虑矿山实际作业环境条件，对于大空间、通风组织比较困难的作业区域而言，其实用性、经济性很难得到保障。因此，本书的主要研究对象为掘进作业面、井下硐室和通风组织比较方便的作业面等，重点研究内容为掘进作业面的人工增氧调控方法与技术。

研究高海拔金属矿山掘进作业面的人工增氧问题，重点就是研究流体力学在掘进作业面的应用。众所周知，开展流体力学的研究方法主要有理论分析、实验研究和数值模拟等。

6.1 掘进作业面人工增氧的氧气质量分数分布规律

高海拔金属矿山掘进作业面现场环境比较复杂，现场有人员、设备、设施等，因此构建掘进作业面几何模型需要进行合理的简化。

6.1.1 矿井人工增氧模拟模型

研究掘进作业面通风中的流场变化与空气组分变化规律，需要建立对应的分析模型。结合中南大学地下工程实验室巷道参数，选用三心拱断面，拱高 2.8 m，拱宽 3.1 m，断面面积为 8.014 m^2。具体参数如表 6-1 所示。

表 6-1　实验巷道三心拱断面参数

规格		拱部面积 /m²	圆心角		圆半径/m		弧长 /m	断面面积 /m²
宽 /m	高 /m		大圆 (2α)	小圆 (2β)	大圆 (R)	小圆 (r)		
3.1	2.8	2.53704	67°23′	56°19′	2.145	0.809	4.120	8.014

　　综合考虑掘进作业面的通风效果，以及提高通风、压力的需要，实验采用混合式通风方式。混合式通风方式有三种类型，分别是长压短抽、长抽短压及长抽长压。研究人员发现，长压短抽方式更有利于解决井下低压、低氧的工作环境问题。通风方式如图 6-1 所示。

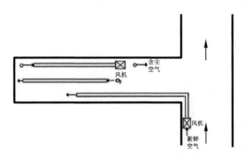

图 6-1　掘进作业面局部通风方式

　　采用长压短抽的局部通风方式，确定了压入式风筒和抽出式风筒的相对位置。通风管道放置于巷道两侧。风筒位置主要考虑通风管道的有效射程L_s和有效吸程L_e。

$$L_s = (4\sim5)\sqrt{S}, \ L_e = 1.5\sqrt{S} \tag{6-1}$$

　　为了提高模拟效率，主要考虑人员活动区域。压入式风筒出口距离断面不超过 10 m，抽出式风筒入口滞后压入式风筒出口 5 m 以上，构建的三维巷道模型如图 6-2 所示。

图 6-2　构建的三维巷道模型

79

根据式(6-1)可计算出混合式局部通风的有效射程和有效吸程。

6.1.2　模型网格划分与评估

网格划分的好坏关系着数值模拟的可靠性和准确性,网格点之间的邻接关系可分为结构网格、非结构网格和混合网格。网格划分数量对模型收敛、模拟结果准确性有着重要影响。为了对比不同网格疏密对数值模拟的影响,设置的网格数分别为 $4.03×10^6$ 个、$4.98×10^6$ 个和 $5.64×10^6$ 个,对比模拟结果如图 6-3 所示。

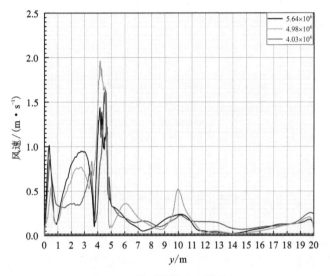

图 6-3　模型网格独立性分析

从图 6-3 可以看出,三种不同网格结构划分的对比数值模拟结果相似,走势大体上一致。当网格数超过 400 万个时,网格的疏密对数值模拟结果的影响将会明显降低,并能满足数值模拟的要求。

6.1.3　流体力学模拟数学模型

1. 湍流模型的选择

根据巷道通风风流的特点,使用湍流模型的 $k\text{-}\varepsilon$ 模型。该模型又可分为 Standard、RNG、Realizable 三种,主要区别是计算黏性的方法和模型常数不同。

Standard $k\text{-}\varepsilon$ 模型:该模型适用于完全湍流的流场,其湍流动能 k 和湍流耗散的输运方程式为：

$$\frac{\partial}{\partial t}(\rho k)+\frac{\partial}{\partial x_i}(\rho k v_i)=\frac{\partial}{\partial x_j}\left[\left(\mu+\frac{\mu_t}{\sigma_k}\right)\frac{\partial k}{\partial x_j}\right]+G_k+G_b-\rho\varepsilon-Y_m+S_k$$

$$\frac{\partial}{\partial t}(\rho\varepsilon)+\frac{\partial}{\partial x_i}(\rho\varepsilon v_i)=\frac{\partial}{\partial x_j}\left[\left(\mu+\frac{\mu_t}{\sigma_\varepsilon}\right)\frac{\partial\varepsilon}{\partial x_j}\right]+C_{1\varepsilon}\frac{\varepsilon}{k}(G_k+C_{3\varepsilon}G_b)-C_{2\varepsilon}\rho\frac{\varepsilon^2}{k}+S_\varepsilon$$

$$(6-2)$$

式中：t 为时间，s；ρ 为流体密度，kg/m³；k 为湍流动能，m²/s²；x_i、x_j 为位移分量，m；v_i 为速度分量，m/s；μ 为黏性系数，kg/(m·s⁻¹)；μ_t 为湍流黏度，kg/(m·s⁻¹)；σ_k 为 k 方程的湍流 Prandtl 数，1；G_k 为层流速度梯度产生的湍流动能，m²/s²；G_b 为浮力产生的湍流动能，m²/s²；ε 为紊流脉动动能的耗散率，%；Y_m 为可压缩流体中的湍流脉动膨胀到全局对耗散率的贡献，m²/s²；S_k 为用户定义的湍流动能，m²/s²；σ_ε 为 ε 方程的湍流 Prandtl 数，1；$C_{1\varepsilon}$、$C_{2\varepsilon}$、$C_{3\varepsilon}$ 为常量；S_ε 为用户定义的湍动耗散源，m²/s²。

　　湍流黏度 μ_t 由式(6-3)确定：

$$\mu_t=\rho C_\mu\frac{k^2}{\varepsilon}\qquad(6-3)$$

式中：C_μ 为常数；ρ 为流体密度，kg/m³；k 为湍流动能，m²/s²；ε 为紊流脉动动能的耗散率，%。

　　RNG k-ε 模型：该模型提供了一个考虑低雷诺数流动黏性的解析式，考虑了湍流漩涡，提高了计算精度。对应的湍流动能 k 和湍流耗散的输运方程式为：

$$\frac{\partial}{\partial t}(\rho k)+\frac{\partial}{\partial x_i}(\rho k v_i)=\frac{\partial}{\partial x_j}\left[\alpha_k\mu_{\mathrm{eff}}\frac{\partial k}{\partial x_j}\right]+G_k+G_b-\rho\varepsilon-Y_m+S_k$$

$$\frac{\partial}{\partial t}(\rho\varepsilon)+\frac{\partial}{\partial x_i}(\rho\varepsilon v_i)=\frac{\partial}{\partial x_j}\left[\alpha_\varepsilon\mu_{\mathrm{eff}}\frac{\partial\varepsilon}{\partial x_j}\right]+C_{1\varepsilon}\frac{\varepsilon}{k}(G_k+C_{3\varepsilon}G_b)-C_{2\varepsilon}\rho\frac{\varepsilon^2}{k}-R_\varepsilon+S_\varepsilon$$

$$(6-4)$$

式中：t 为时间，s；ρ 为流体密度，kg/m³；k 为湍流动能，m²/s²；x_i、x_j 为位移分量，m；v_i 为速度分量，m/s；G_k 为层流速度梯度产生的湍流动能，m²/s²；G_b 为浮力产生的湍流动能，m²/s²；ε 为紊流脉动动能的耗散率，%；Y_m 为可压缩流体中的湍流脉动膨胀到全局对耗散率的贡献，m²/s²；S_k 为用户定义的湍流动能，m²/s²；$C_{1\varepsilon}$、$C_{2\varepsilon}$、$C_{3\varepsilon}$ 为常量；S_ε 为用户定义的湍动耗散源，m²/s²；α_k 为 k 方程的湍流 Prandtl 数的反面影响，取值 1.393；μ_{eff} 为考虑湍流漩涡下的黏度，kg/(m·s⁻¹)；α_ε 为 ε 方程的湍流 Prandtl 数的反面影响，取值 1.393。

湍流在层流中受到漩涡的影响，模型通过修正湍流黏度以消除影响，湍流黏度 μ_{eff} 由式(6-5)确定：

$$\mu_{\text{eff}} = \mu_{\text{eff0}} f\left(\alpha_s,\ \Omega,\ \frac{k}{\varepsilon}\right) \tag{6-5}$$

式中：μ_{eff0} 为未修正的湍流黏度，kg/(m·s)；α_s 为漩涡流动修正常量；Ω 为在 Ansys Fluent 中考虑漩涡流动的估计量。

　　Realizable k-ε 模型：该模型的优越性在于对于平板、圆柱射流的发散比率能更好地预测，对于旋转流动、强逆压梯度边界层流动、流动分离和二次流有很好的表现。对应湍流动能 k 和湍流耗散的输运方程式为：

$$\frac{\partial}{\partial t}(\rho k) + \frac{\partial}{\partial x_i}(\rho k v_i) = \frac{\partial}{\partial x_i}\left[\left(\mu + \frac{\mu_t}{\sigma_k}\right)\frac{\partial k}{\partial x_j}\right] + G_k + G_b - \rho\varepsilon - Y_m + S_k$$

$$\frac{\partial}{\partial t}(\rho\varepsilon) + \frac{\partial}{\partial x_j}(\rho\varepsilon v_i) = \frac{\partial}{\partial x_j}\left[\left(\mu + \frac{\mu_t}{\sigma_k}\right)\frac{\partial\varepsilon}{\partial x_j}\right] + \rho C_1 S_\varepsilon - \rho C_2 \frac{\varepsilon^2}{k + \sqrt{v\varepsilon}} + C_{1\varepsilon}\frac{\varepsilon}{k}C_{3\varepsilon}G_b + S_\varepsilon \tag{6-6}$$

式中：t 为时间，s；ρ 为流体密度，kg/m³；k 为湍流动能，m²/s²；x_i、x_j 为位移分量，m；v_i 为速度分量，m/s；μ 为黏性系数，kg/(m·s^{-1})；μ_t 为湍流黏度，kg/(m·s^{-1})；G_k 为层流速度梯度产生的湍流动能，m²/s²；G_b 为浮力产生的湍流动能，m²/s²；ε 为紊流脉动动能的耗散率，%；Y_m 为可压缩流动中的湍流脉动膨胀到全局对耗散率的贡献，m²/s²；S_k 为用户定义的湍流动能，m²/s²；S_ε 为用户定义的湍动耗散源，m²/s²；C_1、C_2、$C_{1\varepsilon}$、$C_{3\varepsilon}$ 为常量，其中 $C_1 = \max\left(0.43\frac{\eta}{\eta+5}\right)$，$\eta = S\frac{k}{\varepsilon}$，$S$ 为变形张量，s^{-1}。

　　Realizable k-ε 模型不同于前述模型，其黏性系数 C_μ 不再是常量，计算如式(6-7)所示：

$$C_\mu = \frac{1}{A_0 + A_s \dfrac{kU^*}{\varepsilon}} \tag{6-7}$$

式中：A_0、A_s 为模型常量；k 为湍流动能，m²/s²；ε 为紊流脉动动能的耗散率，%；U^* 为旋度变量，s^{-1}。

　　由于湍流模型的选择会直接影响模拟结果的准确性，因此应根据模拟对象的流场特点来选择湍流模型的具体方程，或者通过实验数据来确定合理的湍流模型与方程。

2. 物质输送模型选择

模型通过求解描述每种组成物质的对流、扩散和反应源的守恒方程来模拟混合与输运过程，其守恒方程见式（6-8）：

$$\frac{\partial}{\partial t}(\rho Y_i) + \nabla \cdot (\rho \vec{v} Y_i) = -\nabla \vec{J}_i + R_i + S_i \tag{6-8}$$

式中：ρ 为流体密度，kg/m^3；$\vec{v}$ 为速度矢量，m/s；$\vec{J}_i$ 为物质 i 的扩散通量，$mol/(m^2 \cdot s^{-1})$；R_i 为化学反应的净产生速率，$mol/(m^3 \cdot s^{-1})$；S_i 为离散项及用户定义的源项导致的额外产生速率，$mol/(m^3 \cdot s^{-1})$；Y_i 为组分 i 的质量分数，1。

在守恒方程中，$\vec{J}_i$ 是物质 i 的扩散通量，取决于浓度梯度。扩散通量计算见式（6-9）：

$$\vec{J}_i = -\left(\rho D_{i,m} + \frac{\mu_t}{Sc_t}\right)\nabla Y_i \tag{6-9}$$

式中：ρ 为流体密度，kg/m^3；$D_{i,m}$ 为混合物中物质 i 的扩散系数，m^2/s；μ_t 为湍流黏度，$kg/(m \cdot s^{-1})$；Y_i 为组分 i 的质量分数，1。

6.1.4　环境设定与边界条件

模拟的边界条件主要包括进口边界条件、出口边界条件和体积区域条件等。进口边界条件主要涉及速度入口、质量流入口；出口边界条件主要是压力出口，主要涉及速度大小、质量流速、湍流参数、压力和温度等。

1. 进口边界条件设置

模拟需要定义边界条件的具体数值，首先考虑速度入口、质量流入口的参数设定。

（1）确定速度入口的速度大小。本研究目标是增加矿井作业面的氧含量与大气压力，在爆破作业时不需要进行通风增氧。因此不考虑排烟的风量计算，按照排尘需要计算风量，见式（6-10）：

$$Q_0 = v_0 S \times 60 \tag{6-10}$$

式中：Q_0 为排除掘进作业面粉尘所需风量，m^3/min；v_0 为最低排尘风速，m/s，巷道型采场和掘进巷道应不小于 0.25 m/s；S 为岩巷的断面面积，m^2。

压入式风筒压入风速在进风量确定时，可以通过式（6-11）计算得到：

$$v_{in} = \frac{Q_{in}}{S_{in} \times 60} \tag{6-11}$$

式中：v_{in} 为压入式风筒的压入风速，m/s；Q_{in} 为压入风量，m^3/min；S_{in} 为压入式风筒的面积，m^2。

同理，可以计算获得抽出式风筒的抽出风速：

$$v_{out} = \frac{Q_{out}}{S_{out} \times 60} \qquad (6-12)$$

式中：v_{out} 为抽出式风筒的抽出风速，m/s；Q_{out} 为抽出风量，m^3/min；S_{out} 为抽出式风筒的面积，m^2。

（2）供氧管边界条件，设定为速度入口和质量流入口两种类型。速度入口的速度大小与供氧指标密切相关，矿井作业面所需氧气体积分数计算见式（6-13）：

$$\varphi'_{O_2} = \frac{p_z \times \varphi_{O_2} \times 105\%}{p_z} \qquad (6-13)$$

式中：φ'_{O_2} 为掘进作业面需要达到的氧气体积分数，%；φ_{O_2} 为实际掘进作业面的氧气体积分数，%；p_z 为海拔 z 处气压，kPa。

参考普朗铜矿 3400 m 的矿井作业面，按氧分压增加 5% 的指标来计算。即 φ_{O_2} 取值 20.9%，目标的氧气体积分数为 $\varphi'_{O_2} = 21.95\%$。假设供氧管供氧量为 x m^3/min，则有：

$$\varphi'_{O_2} = \frac{x + Q \times 20.9\%}{Q + x} \qquad (6-14)$$

式中：φ'_{O_2} 为掘进作业面需要达到的氧气体积分数，%；Q 为排除掘进作业面粉尘所需风量，m^3/min。

供氧管的供氧速率计算：

$$V_{O_2} = \frac{x}{60\pi \dfrac{d^2}{4}} \qquad (6-15)$$

式中：V_{O_2} 为供氧管供给氧气的速率，m/s；x 为供氧管供氧量，m^3/min；d 为供氧管直径，m。

（3）质量流入口边界条件，参考理想气体状态方程：

$$pV = nRT \qquad (6-16)$$

式中：p 为气体压力，Pa；V 为气体体积，m^3；n 为气体物质的量，mol；R 为理想气体常数，取值 8.314；T 为热力学温度，K。

由式（6-16）可知，压力 p 与体积 V 成反比。氧气钢瓶压强 $p_1 = 15$ MPa，氧气钢瓶体积 $V_1 = 40$ L，根据道尔顿分压定律，假设钢瓶内外的温度不变，当模

拟环境的温度 $T=288.15$ K 时，氧气钢瓶内氧气质量 m 可由式(6-17)计算：

$$m = \rho V = \rho_0 \times V_0 = \frac{1}{1000} \rho_0 \times \frac{p_1}{p_0} V_1 \qquad (6\text{-}17)$$

式中：ρ_0 为温度 288.15 K 时标准大气压下的氧气密度，取值 1.35 kg/m³；p_0 为标准大气压，取值 101325 Pa；p_1 为氧气钢瓶的充装压力，取值 1.5×10^7 Pa；V_1 为氧气钢瓶的体积，取值 40 L；m 为氧气钢瓶内的氧气质量，kg。

根据氧气钢瓶的氧气质量和氧气供给时间可以确定质量流率，见式(6-18)：

$$V_m = \frac{m}{t} \qquad (6\text{-}18)$$

式中：V_m 为氧气的质量流率，kg/s；m 为氧气钢瓶内的氧气质量，kg；t 为氧气钢瓶的释放时间，s。

2. 出口边界条件设置

模拟巷道出口采用压力出口边界条件，总压初始值设置为 0，表示该出口为自然压力出口。

3. 体积区域边界条件设置

模拟所定义的流体区域的流体为空气，根据高海拔的情况对空气的属性做出了对应修改，主要是对气压和空气密度进行了调整。

环境参数设定：构建的物理模型以海拔 3400 m 为基准，此处的大气压为 66700 Pa，环境温度取 288.15 K，重力加速度为 9.81 m/s²。

巷道壁面的表面粗糙度会对压力、流线及气体扩散产生较大影响，模拟模型设置的粗糙度系数 CK 为 0.6，厚度值 Ks 为 0.03 m。模拟主要研究气流的流动过程，不考虑能量传热模型；求解器的速度方程设置为绝对速度；速度与压力耦合方法选择 SIMPLE 算法；梯度项差分方法采用 Green-Gauss Cell Based 方法；压力项差分方法采用 Standard 方法；动量、湍流动能、湍流耗散使用一阶格式计算收敛转二阶格式。

6.2　基于室内实验的物理模型适用性验证研究

为了保证数值模拟研究数据的可靠性和准确性，开展了不同参数条件下的室内实验研究，为后续仿真模拟提供参数选择依据。室内验证性实验流程如图 6-4 所示。

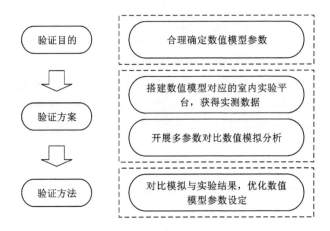

图 6-4　室内验证性实验流程

6.2.1　室内验证性实验平台搭建

室内实验主要仪器设备：①局扇采用隔爆型压入式对旋轴流风机 FBDNO5.0；②氧气质量分数采用 KM9206 综合烟气分析仪进行测量，测量精度为 -0.1%~0.2%，测量范围为 0%~25%；③流场风速采用 Fluke 923 风速仪进行测量，有效测量范围为 0~30 m/s；④采用 LZT 系列管道式流量计测量供氧管的氧气流量。

室内实验巷道选择中南大学地下工程实验室，搭建的实验测试系统如图 6-5 所示。采用两台同型号的矿用局扇，通过变频控制器来无极调节风机转速，满足不同实验对通风量、风速、风压的需要。采用氧气钢瓶提供氧气源，通过流量计、硅胶管、流量阀门来调节输送氧气的流量。

为掌握实验巷道在通风供氧环境下的风速、氧气质量分数分布规律，巷道水平断面测点如图 6-6(a)所示，巷道中心断面测点布局如图 6-6(b)所示。

在室内实验过程中，首先布置巷道中心断面测点。按照图 6-6(a)中的垂直测点所示，测量不同高度下(1.2 m、1.3 m、1.4 m、1.5 m、1.6 m)下中心线各测点在不同位置(与掘进作业面距离 1 m、2 m、3 m、4 m、5 m、6 m)的流动参数；然后布置 1.4 m、1.5 m 水平断面测点，具体如图 6-6(a)所示，相邻两个测点水平距离 60 cm。

图 6-5　巷道通风实验平台实物

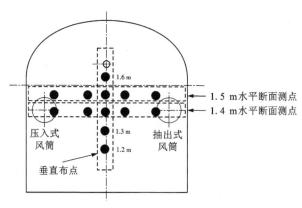

（a）水平断面测点

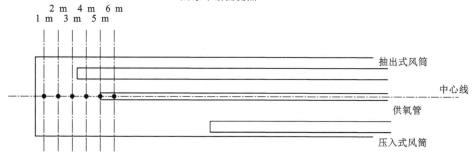

（b）中心断面测点

图 6-6　室内实验测点布置

6.2.2　通风实验过程及数据采集

按照实验要求稳定运行一段时间后，在测试前让整个系统持续通风供氧5~10 min，使实验巷道内形成稳定的流场且氧气浓度均匀分布。

按照测点测试流程依次开展测试工作。首先测量压入式风筒的压力风速 v_{in}，抽出式风筒的抽出风速 v_{out} 和供氧管氧气出口风速 v_{O_2}；然后依次测量距离掘进作业面 1 m、2 m、3 m、4 m、5 m、6 m 处测点的氧气质量分数，距离掘进作业面 1 m、2 m、3 m、4 m、5 m、6 m 处测点的空气流速。

6.2.3　通风实验结果与分析

室内实验的环境温度为 288.15 K、大气压为 1.01 MPa，主要测量数据结果如表 6-2 所示，包括压入式风筒的压入风速 v_{in}，抽出式风筒的抽出风速 v_{out} 和供氧管氧气出口风速 v_{O_2}。

表 6-2　管道进出口及氧气出口风速

测量参数	v_{in} /(m·s^{-1})	v_{out} /(m·s^{-1})	v_{O_2} /(m·s^{-1})	测量参数	v_{in} /(m·s^{-1})	v_{out} /(m·s^{-1})	v_{O_2} /(m·s^{-1})
测量值	6.64	3.49	16.57	测量值	6.92	3.17	16.10
	6.71	4.14	16.60		6.65	3.69	17.20
	7.05	3.29	16.71		6.64	3.24	16.55
	6.66	3.31	17.11		6.60	3.54	16.99
	6.62	3.35	17.12		6.62	3.71	15.75

由表 6-2 可知：当压入风速 v_{in} 达到平均值 6.7 m/s，抽出风速达到平均值 3.17 m/s，氧气管的供氧速率达到平均值 16.67 m/s 时，获得了不同距离巷道掘进作业面截面中心线的风速和氧气体积分数，如图 6-7 所示。

距离掘进作业面 4 m 截面 1.4 m、1.5 m 高度，5 m 截面 1.4 m、1.5 m 高度的氧气体积分数，如图 6-8 所示。

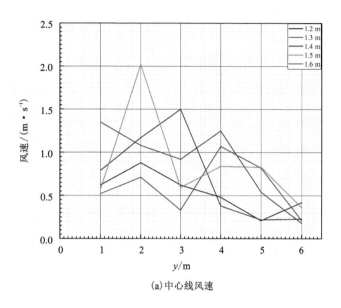

(a)中心线风速

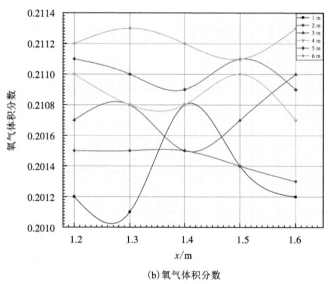

(b)氧气体积分数

图 6-7　距离工作面不同距离、高度截面中心线测试数据

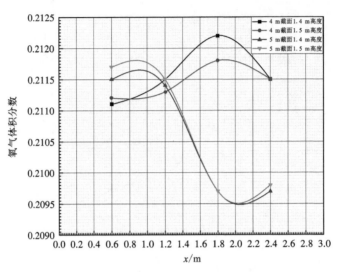

图 6-8   不同水平距离下对应截面氧气体积分数

6.3   巷道型作业面供氧通风分布规律模拟研究

为了对构建的仿真模拟模型的可靠性进行评估，优化模拟参数设置，根据室内通风供氧实验测试数据，对仿真模拟模型进行了验证性分析。

6.3.1   验证性仿真模拟模型构建

根据室内实验搭建的测试平台，其各项实验参数如表 6-3 所示。

表 6-3   室内实验测试平台参数

参数	尺寸	参数	尺寸	参数	尺寸
巷道全长	18.0 m	巷道宽度	3.0 m	巷道高度	2.3 m
巷道断面面积	6.6 m²	风管半径	0.6 m	供氧管直径	0.01 m
供氧管离地高度	2.1 m	压入式风筒与作业面距离	8.72 m	抽出式风筒与作业面距离	3.0 m
压入式风筒中心离地高度	1.3 m	抽出式风筒中心离地高度	1.26 m		

根据表 6-3 的具体数据, 构建了室内实验测试平台的仿真模拟模型。采用混合网格划分方法对其进行了网格划分, 如图 6-9 所示。

图 6-9 通风实验平台的仿真模拟模型及网格

6.3.2 模拟参数对比分析

定义好模拟求解参数后, 分别采用 Standard k-ε 模型、RNG k-ε 模型、Realizable k-ε 模型进行了仿真模拟。通过与实测数据进行对比分析, 确定了最优的仿真模拟模型参数, 如表 6-4 所示。

表 6-4 仿真模拟模型的最优设置参数表

边界条件	设置类型	边界条件	设置类型
求解器	稳态求解器	组分运输方程	无化学反应/打开
压入式风筒	速度入口(6.7 m/s)	抽出式风筒	速度出口(3.17 m/s)
氧气进口速度	速度进口(16.67 m/s)	湍流强度	3.37
环境压力	66670 Pa	环境温度	288.15 k
氧气进口边界 O_2 组分	1.0	压入式风筒边界 O_2 组分	0.23
抽出式风筒边界 O_2 组分	0.23	巷道入口	压力出口

通过运算获得了三种湍流模型的风速变化云图, 如图 6-10 所示。

由图 6-10 可知, 不同湍流模型得出的结果虽然在整体上相似, 但还是存在比较明显的差异。为了量化对比模型之间的差别, 从模拟数据中提取了各测点的数据, 即距离巷道作业面 1 m、2 m、3 m、4 m、5 m、6 m, 不同水平高度下截面处中心线的风速, 如图 6-11 所示。

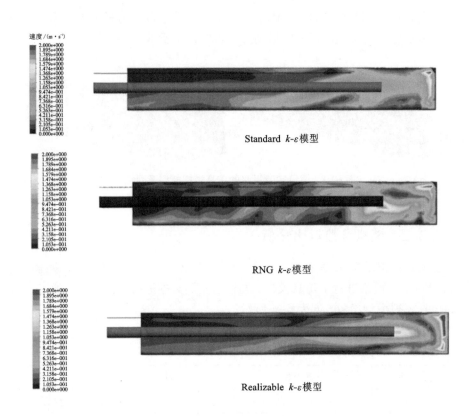

速度/(m·s⁻¹)

Standard k-ε模型

RNG k-ε模型

Realizable k-ε模型

图 6-10　巷道作业面中心线的风速变化云图

从图 6-7(a)可以看出,距离巷道作业面不同距离、离地高度截面中心线的风速变化规律,其中 1.5 m、1.6 m 的风速变化最大,波动比较明显。就整个风速趋势来看,工作面附近的风速变化明显,且速度较其他区域大,距离巷道作业面越远,风速越小,变化波动也越小。距离巷道作业面 3 m 附近的风速发生了变化,这与抽出式风筒的位置有关,风筒的抽吸作用对周边的气流速度造成直接扰动。

对比室内实验结果图 6-7(b)可知,随着距离巷道作业面越远(0~6 m内),氧气体积分数越高。这是因为供氧管出口距离巷道作业面 5 m 处,附近的氧气浓度比较高。其中距离巷道作业面 6 m 处的平均氧气体积分数达到21.14%,相比 20.9%增加了 1.15%;距离巷道作业面 2 m 处的平均氧气体积分数达到 21.05%,相比 20.9%增加了 0.7%。

对比图 6-8 可知,在 0.6~1.2 m 水平,与巷道作业面距离 5 m 处的氧气浓

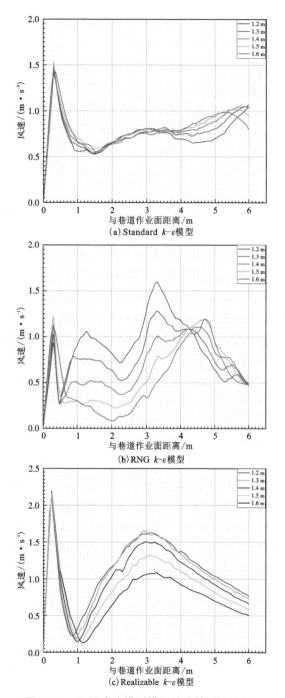

图 6-11　不同湍流模型模拟结果的对比分析

度明显高于 4 m 处；在 1.2~2.4 m 水平距离，5 m 处的氧气浓度明显低于 4 m 处。

综上分析可知，Standard k-ε 模型下，巷道作业面风筒到作业面所在区域的速度变化较为明显，气流受到作业面的阻碍作用，产生回流。由于该模型是半经验公式，其特点主要是基于湍流动能和扩散率及实验现象推导出来的结果。与图 6-11(a) 进行对比发现，两者结果不相吻合。主要原因是 Standard k-ε 模型假定流场是完全湍流，忽略了分子之间的黏性，使其与实际结果有所差别。所以可以得知，实验巷道内部的空气流动不仅仅全是湍流单一类型，还存在其他流动特性。

RNG k-ε 模型是基于 N-S 方程，从 Standard k-ε 模型变形得到的，具有更高的性能和精度。如图 6-11(b) 所示，实验巷道内部的气流流动大体上与 Standard k-ε 模型结果相似，但在局部区域存在差异：在抽出式风筒附近形成了湍流漩涡，使得该附近区域存在一个漩涡中心，其风速比周围的风速要大；在该漩涡的影响下，巷道其他区域的风速发生了变化，这就是其与 Standard k-ε 模型结果存在差异的原因。RNG k-ε 模型加入了湍流漩涡条件，考虑了黏性模型对模拟结果的影响，使得模型在低雷诺数和近壁流有更好的结果；巷道内部的气流流动不仅具有湍流，还有层流，同时湍流在层流中也会受到漩涡的影响。RNG k-ε 模型相对于 Standard k-ε 模型来说，对于瞬变流和流线弯曲、漩涡涡流的影响能做出更好的反应，能更好地适应实验巷道的气流流动特性。总体认为 RNG k-ε 模拟结果优于 Standard k-ε 模型。

Realizable k-ε 模型在计算旋转和静态流动区域时，不能提供较好的湍流黏度，在实际选用模型时应加以考虑。分析图 6-11(c) 可以发现，在模拟作业面通风气流流动中，对于漩涡湍流更加敏感，更加强调了涡流回流在流动中对风速等流动参数的影响作用；在边界层的流动更加缓和，边界层受到湍流的影响较低，明显区别于上述两种模型的模拟结果。在 Realizable k-ε 模型下，掘进巷道中气流流动存在湍流、层流及二次流。在比较 RNG k-ε 和 Realizable k-ε 模型两者谁更适用于实验巷道的数值模拟时，还需要与现场实验数据进行对比分析。

对比分析图 6-11 中的曲线可以发现，Standard k-ε 模型下作业面附近的风速在 0.3~0.5 m 时最大，从 1.2 m 左右开始随着与巷道作业面距离的变大而缓慢提升，不同高度下的变化趋势相似。RNG k-ε 模型下存在多个波峰点，在波峰点附近的风速较大，主要是受到了漩涡流动的影响。Realizable k-ε 模型下有且只存在两个波峰，分别位于 0.3~0.5 m 和 3 m 处。对比室内实验测试数据可以发现，RNG k-ε 模型更加适用于矿山巷道的通风供氧数值模拟。获得的主要研究结论包括：①巷道作业面通风数值模拟中，作业面作为障碍物会影响气流的扩散，主要表现在作业面附近的风速会随之提升，出现波峰。②巷道通风的气流运动不仅受到湍流的影响，还受到层流的影响。湍流在层流中会受到漩涡的影响，使部分区域的风速上升。③巷道通风中虽然存在二次流和边界流，但两者的影响都比较小。如果在数值模拟中过多考虑两者的影响，就会影响数值模拟的准确性。

综上所述，通过室内实验构建的仿真模拟模型，对比模拟获得优化参数后，可为后续矿山模拟研究提供一种经济、快速、可靠性的研究手段。

6.4　不同风筒布置参数的增氧效果分析

掘进作业面氧气分布规律除了与供氧管到掘进作业面的距离有关外，供氧风管本身位置、布置方式等都与氧气扩散、质量分数分布密切相关。结合普朗铜矿某独头掘进巷道的具体参数，构建了氧气出口垂直方向和水平方向两种代表性的供氧管布置方案。其中供氧管出口高度分别设置为 1.7 m、1.8 m和 1.9 m，具体参数如表 6-5 所示。

表 6-5　供氧管参数设置

方案编号		供氧管出口方向	供氧管出口高度/m	方案编号		供氧管出口方向	供氧管出口高度/m
方案A	方案 1.1	垂直向下	1.7	方案B	方案 1.4	水平向外	1.7
	方案 1.2	垂直向下	1.8		方案 1.5	水平向外	1.8
	方案 1.3	垂直向下	1.9		方案 1.6	水平向外	1.9

仿真模拟的边界条件设置如表 6-6 所示。模拟参数设定空气由 20.95%的氧气和 79.05%的氮气组成，供氧管的氧气质量分数为 100%。

表 6-6　模拟边界条件参数设置

边界条件	设置类型(值)	边界条件	设置类型(值)
求解器	稳态求解器	运作温度	288.15 K
湍流模型	RNG k-ε 模型	巷道入口	压力出口(pressure outlet)

续表6-6

边界条件	设置类型(值)	边界条件	设置类型(值)
湍流强度	3.37	压入式风筒管入口	速度入口 5.25 m/s
组分运输方程	无化学反应/打开	抽出式风筒入口	速度入口 4.20 m/s
大气压力	62.760 kPa	供氧管入口	速度入口 7.11 m/s
空气密度	0.8727 kg/m³	壁面粗糙度	粗糙度高度(0.02 m)/ 粗糙度常数(0.6)

6.4.1 垂直氧气出口数值模拟及结果分析

在方案 A 中,供氧管从巷道顶板中部位置进入,沿巷道顶板壁面在离作业面 1 m 处垂直向下延伸,如图 6-12 所示。

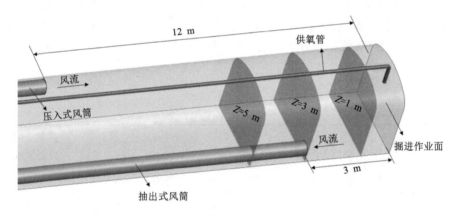

图 6-12　垂直供氧管出口布置示意

将供氧管出口高度分别调整为 1.7 m、1.8 m 和 1.9 m 进行对比模拟,通过数据后处理程序导出距离掘进作业面 $Z=1$ m、3 m、5 m 处巷道横截面的氧气质量分数,绘制分布规律图,如图 6-13 所示。

从图 6-13 中可以看出,当供氧管氧气出口逐步垂直向下时,距离掘进作业面 1~5 m 处的呼吸带的(1.2~1.6 m)氧气质量分数为 24.40%~24.60%,实现了增加 5% 氧气质量分数的预期目标,且均高于 24.41%。其他区域的氧气质量分数也有不同程度的提升,氧气分布总体趋势为巷道中心较为均匀,沿右侧水平方向略有下降。

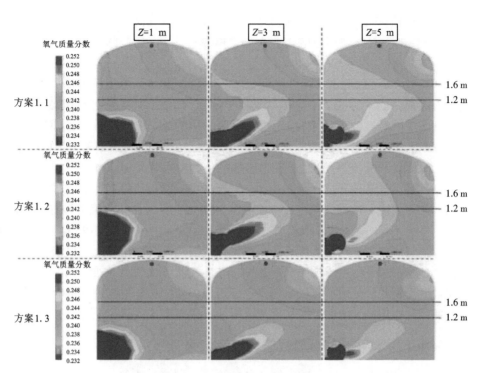

图 6-13　方案 A 氧气分布规律

水平方向上,当供氧管出口设定为同一高度时,氧气集中在左下角区域。因此,抽出式风筒进风口后 2 m(距离作业面 $Z=5$ m)处呼吸带的平均氧气质量分数比 $Z=1$ m 和 $Z=3$ m 处的更高。在垂直方向上,从供氧管出口高度来看,当距离巷道底板 1.7 m 时(方案 1.1),呼吸带的氧气质量分数较高的区域最大(图 6-14),供氧效果最佳。随着供氧管出口高度分别升高到 1.8 m 和 1.9 m,氧

图 6-14　模拟巷道流线分布

气质量分数相对较高的区域逐渐减小，但呼吸带的氧气质量分数基本能实现增加5%的要求。因此在不影响作业人员工作的条件下，适当降低供氧管出口高度可以增加氧气浓度。

从图6-14可以看出，氧气质量分数在巷道左下角区域达到最高，沿对角线方向逐渐降低，在巷道右上角区域达到最低。除抽出式风筒进口区域外，巷道上部区域的氧气浓度高于底部区域，巷道右侧的总氧气质量分数也明显低于左侧区域。氧气质量分数在压入式风筒出口处最低，抽出式风筒入口处最高，这与风筒驱动的气流运动方向一致密切相关。

当新鲜空气从压入式风筒流出时，随着自由气流的逐渐扩大，它被导向作业面。由于射流出口的气流速度大于周围的空气，所以在向前流动过程中，周围的空气会不断被吸入，射流流体中的风量和射流截面也随之不断增大；当射流截面达到一定宽度时，射流流体开始夹带周围气流共同运移。当气流到达作业面时，进入气流的连续性受到壁面的影响，气流方向发生改变；同时这部分气流被射流夹带，在抽出式风筒出口附近形成涡流，部分气流进入混合式通风气流的共同作用区，带动氧气从射流流向抽出式风筒入口。

6.4.2 水平氧气出口数值模拟及结果分析

方案B在方案A垂直供氧管的基础上，增加了一个长为2.6 m、直径为0.05 m的水平供氧管。水平供氧管上均匀分布着氧气弥散小孔，小孔直径为0.008 m，两孔间距为0.3 m，氧气从弥散孔射流喷出。布设结果如图6-15所示。

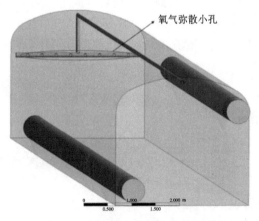

图6-15　方案B水平供氧管布设示意

将水平供氧管的中心高度分别调整为 1.7 m、1.8 m 和 1.9 m，模拟结果如图 6-16 所示。

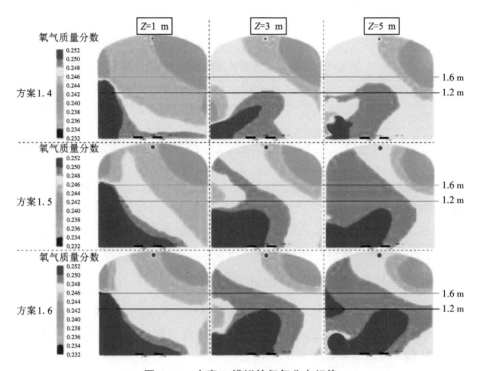

图 6-16　方案 B 模拟的氧气分布规律

从图 6-16 中可以看出，氧气总体分布类似方案 A 的模拟结果，但氧气质量分数明显高于方案 A。除了压入式风筒的上部区域，其他距离作业面 1~5 m 的呼吸带区域的氧气质量分数都高于 24.41%，满足增加 5% 氧气质量分数的预期目标。氧气浓度在巷道左下角区域达到最高，沿对角线方向逐渐降低，在巷道右上角区域最低。

与模拟方案 A 不同，巷道顶板氧气浓度要低于底板区域。从供氧管出口高度来看，当距离巷道底板 1.9 m 时(方案 1.6)，呼吸带氧气质量分数较高区域的范围最大，供氧效果最佳。随着供氧管出口高度降到 1.8 m 和 1.7 m 时，氧气质量分数较高的区域面积减小。一般而言，供氧管高度为 1.9 m 不会影响作业人员活动，若设置过高，则不利于氧气在工作区域内更好地弥散。因此，推荐水平供氧管高度为 1.9 m。

6.4.3　垂直与水平氧气出口增氧效果对比

为了更直观、量化地比较两种供氧方式的增氧效果，根据模拟数据计算了方案 A 和方案 B 的平均氧气质量分数，如表 6-7 所示。

表 6-7　方案 A 和方案 B 模拟结果数据对比表

方案编号	$Z=1$ m	$Z=3$ m	$Z=5$ m
方案 1.1	24.20%	24.30%	24.50%
方案 1.6	24.70%	24.90%	25.10%

整体增氧效果方面，水平氧气出口优于垂直氧气出口，方案 B 的平均氧气质量分数比方案 A 高 0.6%。综合来说，垂直氧气出口增氧效果不如水平氧气出口模式，但两种方案都能达到预期增氧目标；垂直供氧出口设计简单，布置方便，因此可根据实际需求采用。

6.4.4　其他类型供氧管设计方案研究

为了使氧气在作业面呼吸带区域分布得更加均匀，提出了方案 C。该方案将供氧管出口设置在抽出式风筒入口的前方，使氧气出口方向与入风方向相反。方案 C 与模拟结果如图 6-17 所示。

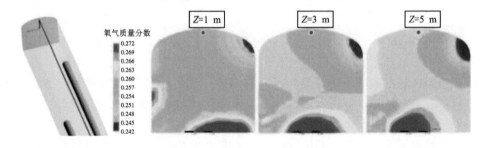

图 6-17　方案 C 和氧气分布规律

模拟结果表明：除巷道顶板右侧区域外，巷道作业面内各区域的氧气质量分数均高于 25.40%，呼吸带氧气分布均匀，质量分数达到 26.30%。与方案 A 和方案 B 不同的是，方案 C 的氧气质量分数最高区域在巷道底部，也没有达到预期的效果。这是因为风筒气流速度远大于供氧管氧气流出速度，而压入式风筒距离作业面较近，氧气还未扩散就被气流阻挡、带动聚集在巷道底部区域。

在此基础上，提出了方案 D。该方案在方案 1.1 的基础上，在垂直输氧风管上均匀布设 5 个半径 0.003 m 的扩散孔。方案 D 与模拟结果如图 6-18 所示。

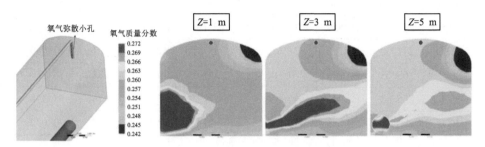

图 6-18　方案 D 和氧气分布规律

从图 6-18 中可以看出，模拟巷道内氧气质量分数的分布规律与方案 A 基本相似，但整体的氧气浓度有了较大提高，最低值也能满足增加 5% 氧气质量分数的预期目标(24.41%)；最高氧气浓度区域分布在呼吸带附近，分布比较均匀。由此可知，方案 D 的供氧管设计简单，氧气提升效果明显，实施方便，不会影响作业人员活动。

6.5　不同海拔增氧的氧气分布研究

6.5.1　掘进作业面平均氧气浓度变化规律

为了获得相同通风供氧条件下氧气质量分数随海拔的变化规律，模拟研究了 0~8500 m 掘进作业面的氧气分布情况，如表 6-8 所示。

表 6-8　不同海拔下各参数变化

海拔/m	温度/K	氧分压/kPa	当地大气压/kPa	海拔/m	温度/K	氧分压/kPa	当地大气压/kPa
0	288.15	21.273	101.325	4500	258.90	11.284	57.727
500	284.90	19.992	95.461	5000	255.65	10.920	54.019
1000	281.65	18.774	89.874	5500	252.40	10.609	50.505

续表6-8

海拔 /m	温度 /K	氧分压 /kPa	当地大气压 /kPa	海拔 /m	温度 /K	氧分压 /kPa	当地大气压 /kPa
1500	278.40	17.640	84.555	6000	249.15	9.912	47.180
2000	275.15	16.569	79.494	6500	245.90	9.251	44.033
2500	271.90	15.296	74.682	7000	242.65	8.631	41.059
3000	268.65	14.120	70.107	7500	239.40	8.038	38.250
3500	265.40	12.944	65.763	8000	236.15	7.476	35.598
4000	262.15	11.768	61.639	8500	232.90	6.957	33.097

以中南大学地下工程实验室的巷道为模拟实体对象, 选取方案 D 的优化供氧管布置方案。其物理模型如图 6-19 所示。

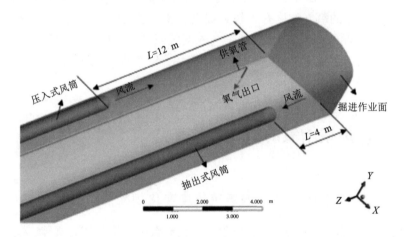

图 6-19　巷道通风供氧系统物理模型

模拟条件及主要边界条件如表 6-9 所示。

表 6-9　主要边界条件设置

边界条件	设置类型(值)	边界条件	设置类型(值)
求解器	稳态求解器	压入式风筒入口	速度入口 8.04 m/s
湍流模型	Realizable $k-\varepsilon$ 模型	抽出式风筒入口	速度入口 4.82 m/s

续表6-9

边界条件	设置类型(值)	边界条件	设置类型(值)
能量方程	关闭	供氧管入口	速度入口 10.09 m/s
组分运输方程	无化学反应/打开	湍流强度	3.37
巷道入口	压力出口	壁面粗糙度	粗糙度高度(0.02 m)/粗糙度常数(0.6)

　　选取距离掘进作业面4~7 m的平均氧气质量分数和6 m截面的平均氧气质量分数,获得平均氧气质量分数随海拔的变化规律,如图6-20所示。整体而言,距离掘进作业面不同区域的平均氧气质量分数与海拔间的变化趋势几乎一致。

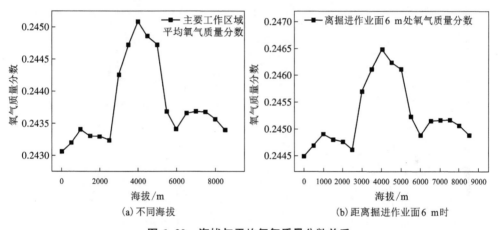

(a) 不同海拔　　　　　　　　(b) 距离掘进作业面6 m时

图 6-20　海拔与平均氧气质量分数关系

　　从图6-20中可以看出,海拔0~1000 m时,氧气质量分数随海拔的增加而略有增加;海拔1000~2500 m时,氧气质量分数随海拔的增加而略有下降;从海拔2500 m开始,氧气质量分数快速增加,到海拔4000 m左右达到峰值,随之开始快速下降;海拔6000 m到达低谷,之后变化趋于平稳。这是因为高海拔地区氧分压较低,有利于供给氧气的流动与扩散,表现出在海拔 0~4000 m 时氧气质量分数整体呈上升趋势。超过4000 m以上时,空气中的氧分压衰减率降低,同时空间中的氧分压相对于低海拔地区比值很小,供给氧气向巷道各处较快地扩散,反而降低了呼吸带区域的氧气质量分数。

为了获得不同海拔巷道内的氧气分布情况，选取距离掘进作业面 $Z=3$ m、5 m、7 m 的截面，与海拔 $H=0$ m、2000 m、4000 m、6000 m、8500 m 的氧气分布云图进行了对比分析，结果如图 6-21 所示。

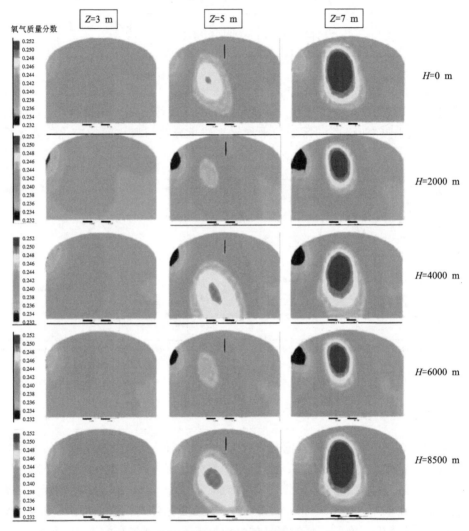

图 6-21   不同海拔下各巷道截面的氧气分布云图

由图 6-21 中可看出，当距离掘进作业面 $Z=3$ m 时，海拔 $H=8500$ m 处的氧气质量分数最高且浓度分布最佳，较高海拔下的氧分压比较小，氧气质量分数差较大，氧气扩散效率高，氧气更容易随气流和扩散作用分散开来；$Z=5$ m

时，$H=4000$ m 氧气质量分数分布效果最佳，各截面的氧气质量分数都较高，氧气分布效果也优于其邻近海拔；$Z=7$ m 时，供氧管反向射流，且与压入风流之间形成了对流，因此各截面处氧气质量分数都较高。其中尤以 $H=0$ m 和 $H=8500$ m 效果较佳，这是因为 $H=0$ m 处氧气弥散效果只受到压入风流和供氧管供氧气流的的影响，在风流充分混合作用下，在距离掘进作业面 5~7 m 处形成了氧气涡流，使该区域的氧气质量分数较高。其流线如图 6-22 所示。

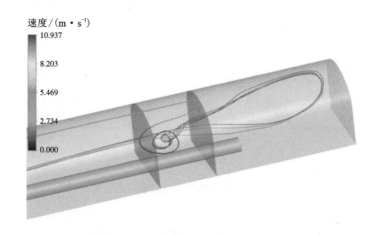

图 6-22　海拔 0 m 时 5~7 m 截面处氧气涡流分析

海拔 $H=8500$ m 时，巷道的大气压和氧分压都比较低，供氧管供给的氧气在一定动压作用下沿巷道方向往前进行了运移，使 6~7 m 处的氧气质量分数较高。

为了进一步分析模拟结果，在距离掘进作业面 3~8 m 处每隔 0.1 m 取 1 个截面，计算生成的 51 个截面的平均氧气质量分数。考虑到供氧管在距离掘进作业面 5 m 处，为了避免数据干扰，故将该处截面排除，如图 6-23 所示。

根据图 6-23 数据曲线可以看出，不同海拔下，掘进作业面距离与氧气质量分数分布规律大致相同：在 3~6 m 内质量分数上升，在 6~8 m 内质量分数逐步降低。采用高斯曲线对其进行了拟合分析，发现不同海拔下的拟合曲线高度相似，其中部分拟合曲线如图 6-24 所示。

根据拟合结果计算各曲线的判定系数 R^2，结果如表 6-10 所示。表中判定系数 R^2 均为调整后的 R^2，即去除了由于变量个数的变化对判定拟合优度结果的影响。

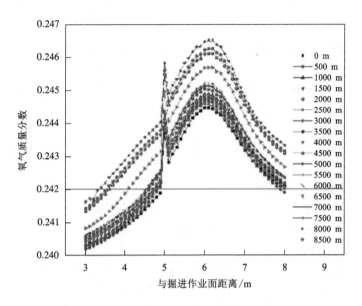

图 6-23　不同海拔下氧气质量分数变化

表 6-10　各拟合曲线判定系数 R^2 计算数据

海拔/m	R^2	海拔/m	R^2	海拔/m	R^2
0	0.9719	3000	0.9918	6000	0.99501
500	0.99483	3500	0.98714	6500	0.99475
1000	0.99507	4000	0.9841	7000	0.99474
1500	0.995	4500	0.98692	7500	0.9953
2000	0.99467	5000	0.98714	8000	0.99486
2500	0.99044	5500	0.99526	8500	0.99474

表 6-10 中的数据，除海拔 0 m 处判定系数为 0.9719，其余判定系数都超过 0.98，可以认为整体拟合效果较好，拟合的函数表达式相对准确。函数表达式如式(6-19)：

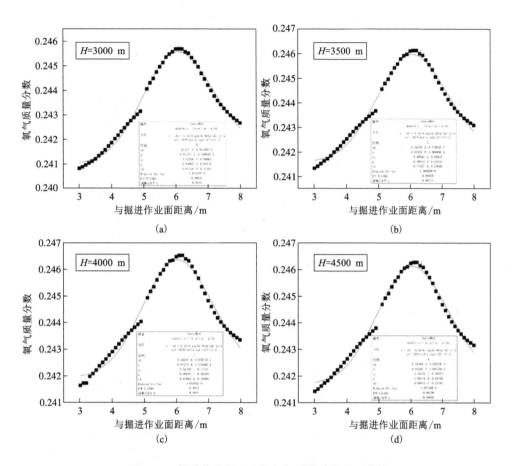

图 6-24 掘进作业面距离与氧气质量分数关系曲线

$$y = y_0 + \frac{A}{t_0} \times e^{\left[0.5 \times \left(\frac{w}{t_0}\right)^2 \frac{(x-x_c)}{t_0}\right]} \times \frac{\left(erf\left(\frac{z}{\sqrt{2}}\right) + 1\right)}{2}$$

$$erf(x) = \frac{2}{\sqrt{\pi}} \int_0^x e^{-\eta^2} d\eta$$

$$z = \frac{(x-x_c)}{w} - \frac{w}{t_0} \tag{6-19}$$

式中：y_0、A、t_0、w、x_c 为常数，取值如表 6-11 所示；y 为氧气质量分数，%；x 为与掘进作业面距离，m；erf 为误差函数。

表 6-11　不同海拔下的主要常数取值

海拔 /m	y_0	A	x_c	x_c 误差(±)	w	w 误差(±)	t_0	t_0 误差(±)
0	0.2404	0.0125	5.3246	0.0686	0.7801	0.0594	1.3799	0.1990
500	0.2404	0.0121	5.3411	0.0277	0.7591	0.0234	1.2205	0.0717
1000	0.2405	0.0127	5.3357	0.0283	0.7784	0.0239	1.2554	0.0746
1500	0.2405	0.0125	5.3470	0.0287	0.7782	0.0239	1.2272	0.0741
2000	0.2405	0.0124	5.3383	0.0295	0.7790	0.0248	1.2477	0.0773
2500	0.2408	0.0113	5.2871	0.0329	0.7045	0.0304	1.5264	0.1092
3000	0.2410	0.0137	5.4256	0.0607	0.9487	0.0412	0.9132	0.1140
3500	0.2416	0.0128	5.4894	0.0942	0.9907	0.0554	0.7336	0.1505
4000	0.2419	0.0127	5.5217	0.1151	0.9969	0.0621	0.6399	0.1695
4500	0.2417	0.0129	5.5223	0.1045	1.0037	0.0576	0.6698	0.1579
5000	0.2416	0.0128	5.4894	0.0942	0.9907	0.0554	0.7336	0.1505
5500	0.2407	0.0132	5.3203	0.0265	0.7622	0.0227	1.2875	0.0718
6000	0.2407	0.0119	5.3496	0.0277	0.7637	0.0232	1.2074	0.0709
6500	0.2408	0.0123	5.3389	0.0285	0.7683	0.0240	1.2247	0.0737
7000	0.2409	0.0123	5.3385	0.0291	0.7762	0.0243	1.2196	0.0746
7500	0.2408	0.0126	5.3424	0.0282	0.7856	0.0233	1.1956	0.0707
8000	0.2407	0.0123	5.3466	0.0290	0.7777	0.0239	1.1719	0.0716
8500	0.2407	0.0118	5.3653	0.0287	0.7637	0.0236	1.1497	0.0703

表 6-11 中的 y_0 和 A 为无误差常数，t_0、w、x_c 存在计算误差。根据以上数据可绘制各参数值及其误差范围随海拔的变化趋势，如图 6-25 所示。

与图 6-20(a) 对比可以发现，两者氧气质量分数随海拔的变化趋势相同，可判定各参数与氧气质量分数具有较强联系。因此拟合的公式 (6-19) 可用于相似供氧条件下的供氧效果评估。

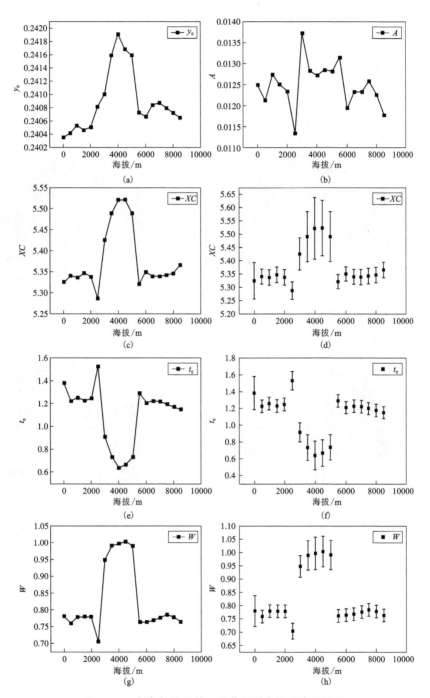

图 6-25　各参数值及其误差范围随海拔的变化趋势

6.5.2 巷道呼吸带截面氧气分布规律

以海拔 5000 m 为例，选择距离作业面 $Z=4$ m、5 m、6 m、7 m 处的氧气质量分数分布进行分析讨论，如图 6-26 所示。

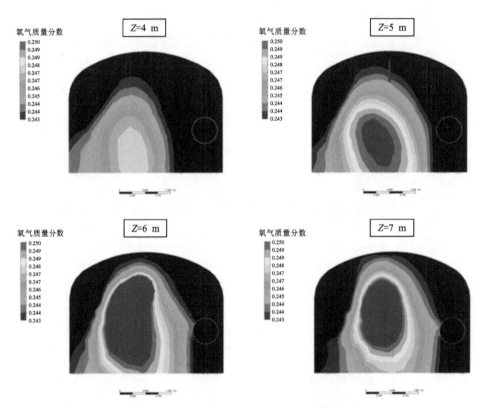

图 6-26　海拔 5000 m 不同作业面的氧气分布规律

由图 6-26 中可以看出，氧气高浓度分布区域呈现梨形分布，在呼吸带 1.2 m 处的氧气弥散面积要大于 1.6 m 处，其他各海拔高度下呈现类似的分布规律。以弥散面积相对较小的 1.6 m 情况来进行分析，各海拔高度的截面氧气分布情况如图 6-27 所示。

选择氧气质量分数 24.35% 作为富氧区域的划分界限值，对比图 6-27 可以看出，在 0~2500 m 富氧区域大致保持恒定；3000~4500 m 富氧区域表现出不断增加的趋势；在 5000 m 之后富氧区域面积保持恒定，略有减少，这是因为氧气弥散损失随着海拔高度的增加而增加导致的。海拔高度超过 4500 m 之后，

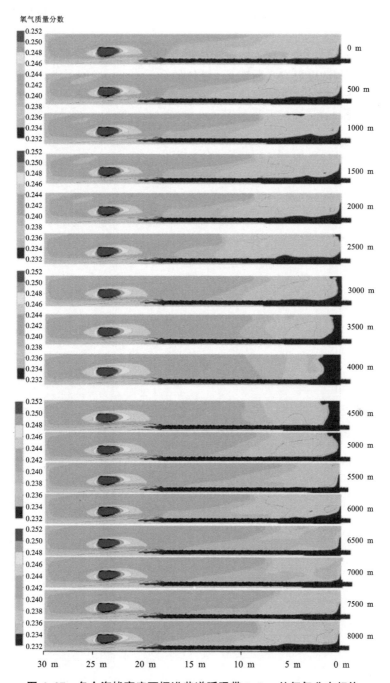

图 6-27　各个海拔高度下掘进巷道呼吸带 1.6 m 处氧气分布规律

除 6000 m、8000 m 之外，远离作业面区域的氧气浓度都大于海拔低于 4500 m 的截面分布情况。

　　根据作业人员通常活动范围设定模拟巷道长度为 30 m，可以认为超出该活动区域提高氧气浓度没有实质意义。氧气的利用率低，增加了供氧的经济成本。综上考虑，针对矿井作业面呼吸带 1.6 m 高度的截面而言，海拔 4000～4500 m 处的供氧效果最佳，其他海拔高度的供氧效果具有相似的分布特点。

第7章

局部供氧通风布设参数变化的效果对比分析

空气稀薄、大气压力绝对值低是高海拔地区矿井作业面缺氧的主要原因，提高作业面区域单位体积内的氧气含量是有效解决缺氧问题的主要途径之一。本章在第6章研究的基础上，从通风的风管布设的角度开展了多参数对比研究。

7.1　通风管道相对位置的影响规律研究

在前述研究规律总结的基础上，从抽出式风管的相对位置、供氧管水平位置和供氧管垂直位置角度对矿井作业面的增氧效果进行了对比研究。通风管道布置方式如图7-1所示。

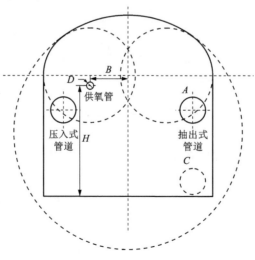

图 7-1　掘进巷道通风管道布置

在矿井局部通风工作中，抽出式风管一般有高挂 A 和低挂 C 两种布置方式。如图 7-1 所示，供氧管垂直高度 (H) 在 $0.5 \sim 1.9$ m 共设置了 5 种水平 $(1.9$ m、1.7 m、1.5 m、0.9 m、0.5 m)，水平位置 (B) 在 $0 \sim 1.2$ m 设置了 4 种水平 $(1.2$ m、0.8 m、0.4 m、0 m)，风管直径 D 为 0.06 m，压入风管入口速度 10.20 m/s，抽出式风管出口速度 5.10 m/s，供氧管进口速度 9.55 m/s，大气压为 66670 Pa，并构建了对应的 9 个仿真模型。模拟结果如图 7-2 所示。

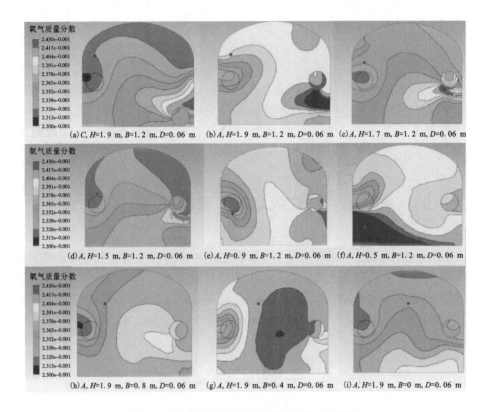

图 7-2　不同方案下氧气质量百分数分布云图

为了对比分析不同风管布置方案对增氧效果的具体影响规律，同时考虑作业人员的活动区域，重点对距离工作面 5 m 处的氧气质量分数分布规律进行讨论分析。如图 7-2 所示，图中小写字母编号代表不同的风管布置方式。

7.1.1　抽出式风管相对位置的影响

对比图 7-2(a)与图 7-2(b)可知，相对位置对矿井作业面的增氧效果具有显著影响。抽出式风管低挂 C 方式在风管上侧形成一小片区域，其氧气质量百分数可达到 24.3%，实现预期增加 5% 的目标；巷道截面右下半侧其他区域的氧气质量分数在 23.6% 左右，相对增加 2.6%；巷道顶部区域的氧气质量分数在 23.2% 以下，相对增加 0.8%。对于抽出式风管高挂 A 方式，巷道断面右半侧的氧气含量明显高于左半侧区域的氧气含量；供氧管下侧区域有一狭长的区域，氧气质量分数达 24.3% 以上，比预期增加 5% 以上；整个断面超过一半区域达到 23.9%，增加了 3.91%。

对于风管高挂 A 和低挂 C 两种布置方式而言，其在巷道高度 1.2 m 处的氧气含量都得到明显了提升。当抽出式风管采用高挂 A 方式时，供氧管输出的氧气由于受到压入风速、重力因素的影响，氧气随着压入风流迁移并逐步沉降；同时在右侧抽出式风管的抽出风压的作用下，巷道断面右半侧会明显高于左半侧。不同的是，当抽出式风管悬挂于巷道壁面右侧，会使得抽出式风管上下区域的氧气得到有效聚集；相反的，当风管置于低挂 C 时，供给氧气在抽出风压卷吸和重力作用下，加速了氧气的流失，不利于氧气聚集。因此，压入式和抽出式风管应布置在同一高度，最好悬挂于巷道壁面两侧。

7.1.2　供氧管垂直位置的影响

对比分析图 7-2(b)、图 7-2(c)、图 7-2(e)和图 7-2(f)发现，供氧管垂直高度(H)对提高矿井作业面氧气含量具有一定的影响，其中当高度为 1.9 m 时效果最好。当供氧管位于 1.9 m、1.7 m、1.5 m 高度时，即供氧管位于压入式风管的上方，在压入式和抽出式风流的共同作用下，使供给氧气弥散到整个作业面区域。当高度为 1.9 m 时，叠加重力作用，在压入式风管下方形成氧气聚集区。对于 1.7 m 和 1.5 m 而言，由于抽出风流使供氧管的氧气流失明显，作业面的增氧效果不明显。

当高度为 0.9 m 和 0.5 m 时，即供氧管设置在压入式管道下方，风管下方氧气含量明显高于其他区域，局部区域可达 24.3%，比未供氧状态下有效提高 5% 左右。考虑供氧的经济性和有效性，即在作业面人员活动区域提升空气中的氧含量，结合呼吸带高度，认为高度 1.9 m 为供氧管最适宜的位置。

7.1.3 供氧管水平位置的影响

在前述确定供氧管高度和抽出式风管相对位置的基础上，保持其他条件不变，供氧管水平位置 B 按照 0.8 m 布置，如图 7-2(g) 所示。尽管整个作业面绝大部分区域氧含量能够达到 23.7%，但从呼吸带高度范围来分析，氧气的分布虽然范围更广，但增氧效果并不明显。按照图中 7-2(b)、图 7-2(h) 和图 7-2(i) 三种水平位置布置时，压入气流和抽出气流在巷道内部形成涡流，使得供给氧气得以扩散；巷道作业面中央区域形成氧气富集区，氧气含量较其他区域更高。在抽出风流作用下，氧气含量在抽出风管右侧区域比其他区域要高，氧气含量在作业空间的分布层次性更强。

当供氧管水平位置 B 为 0 m 时，截面下半侧的氧气浓度明显高于上半侧，但与呼吸带高度不符。当水平位置 B 为 1.2 m 和 0.4 m 时，后者氧含量高的区域集中在截面的中央，而前者集中在抽出式风管壁面一侧；由于抽出风管的进风口为回风流的汇集区域，不能保障作业人员的呼吸安全，考虑到断面中央区域氧含量高更能与作业区域结合，因此认为水平位置 B 在 0.4 m 为最佳位置。

7.2 供氧管管径的影响规律研究

在供氧量确定的前提下，供氧管管径大小制约着供氧速率和效果。为此本节研究了不同管径下对局部增氧效果的影响规律。

7.2.1 供氧管管径布置方案

在前述通风风管垂直位置 H、供氧管水平位置 B 和抽出式风管布置方式的基础上，经多次反复模拟对比分析，确定了供氧管的管径 D 的合理范围，获得了供氧管管径与供氧速率的对应关系，如表 7-1 所示。

表 7-1 供氧管管径与供氧速率关系

管径 D/m	0.04	0.06	0.08	0.10	0.12	0.16
供氧速率 $v/(\text{m}\cdot\text{s}^{-1})$	21.50	9.55	5.37	3.44	2.39	1.34

仿真模拟研究的主要参数：压入风管入口速度 10.20 m/s，抽出式风管出口速度 5.10 m/s，大气压 66670 Pa，供氧管氧气质量分数 100%。

7.2.2 供氧管管径影响模拟结果

实验构建了不同供氧管管径的三维数值模型，通过仿真模拟研究获得了不同供氧管径下的空气流运移规律，如图 7-3 所示。

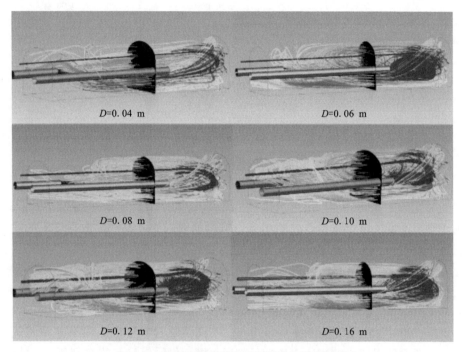

图 7-3 不同供氧管管径下的作业面空气流线

为了对比分析不同供氧管管径对增氧效果的具体影响规律，同时考虑作业人员的活动区域，重点对距离工作面 5 m 处的氧气质量分数分布规律进行分析讨论分析。如图 7-4 所示，D 为供氧管管径。

7.2.3 供氧管径影响规律分析

对比图 7-3 可知，压入风流经作业面折返后，同时受到抽出风流的影响，在作业面附近形成涡流；供氧管管径大小对氧气在整个巷道内的运移具有重要影响，由于涡流作用，供给氧气渐渐扩散到整个作业面区域。

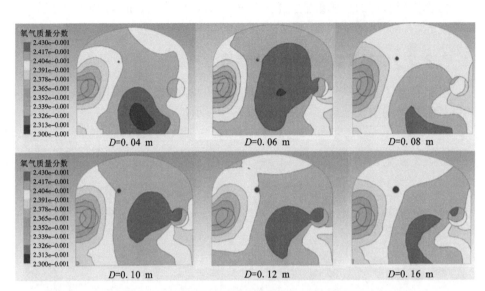

图7-4 不同供氧管管径氧气质量分数分布云图

对比图7-4可知，当供氧管管径为0.04 m时，供氧速率达到21.50 m/s。由于供氧速度大，受到巷道内的涡流影响则相对较小，氧气扩散程度不明显。管径不断增大，供氧速率则越来越小，其受到涡流的影响程度就会越来越明显，氧气也会随着涡流扩散到其他区域。供氧管管径大于0.08 m时，供给氧气受到涡流的影响更大，会随着涡流的运动分布到作业面区域中；在距离工作面5 m处，涡流效果减弱，氧气含量有所降低。

综上所述，在供氧量不变的情况下，不同供氧管管径下的供氧速率不同，受到作业面的涡流影响程度也表现得有所不同。供给氧气气流受到压入、抽出风流，以及巷道流场内部涡流和重力等因素的共同影响，氧气扩散到作业面附近，有效地增加了局部区域的氧含量；其中当供氧管径为0.06 m时，距离工作面5 m处的增氧效果最为明显。

7.3　通风量变化的影响规律研究

通风量直接决定了供风管的入口、出口风速，气流在受限空间内的运移发生了较大的变化。通过对比不同通风量对作业面区域流场的影响规律，可以获得最优的增氧效果。

7.3.1　通风量设计方案

在前述研究参数和基础上，设计了几组不同的通风量方案，具体如表 7-2 所示。

表 7-2　通风量设计方案

通风量/(m³·min⁻¹)	72.0	80.0	90.0	100.0	110.0	120.0
压入风速/(m·s⁻¹)	6.1	6.8	7.6	8.5	9.3	10.2

仿真模拟研究的主要参数：供氧管径 20 mm，供氧管离地高度 1.7 m，通风管离地高度 1.2 m，环境温度 288.15 K，大气压 66670 Pa，供氧管氧气质量分数 100%，质量流 0.0022 kg/s，压抽比 0.5，其他参数及模拟条件不变。

7.3.2　通风量变化数值模拟结果

根据不同通风量设置边界初始条件，通过模拟研究获得了作业面的氧气体积分数的变化规律，如图 7-5 所示。

7.3.3　不同通风量的影响规律分析

由图 7-5 可知，当氧供给量保持在 0.0022 kg/s 时，其他条件不变的情况下，作业面人员活动区域周围的氧气分布规律大体相似；在氧气出口处附近的氧气浓度显著高于巷道其他区域，距离作业面 3~6 m 区域的氧气浓度得到有效的提升。当通风量为 72~120 m³/min 时，供氧管出口附近区域的氧气浓度达 24.3%以上，满足预期增氧 5%的目标。

当通风量为 72 m³/min 时，作业人员区域的最低氧气浓度达 23.5%，增加了 2.17%。通风量为 80 m³/min 时，最低氧气浓度达 23.48%，增加了 2.09%。通风量为 90 m³/min 时，最低氧气浓度达 23.45%，增加了 1.96%。通风量为 100 m³/min 时，最低氧气浓度达 23.34%，增加了 1.48%。通风量为 110 m³/min 时，最低氧气浓度达 23.33%，增加了 1.43%。通风量为 120 m³/min 时，最低氧气浓度达 23.32%，增加了 1.40%。比较不同通风量效果可知，当通风量在 72 m³/min 时，氧气浓度富集区域面积相对最大；其他通风量条件下，氧气富集区域覆盖范围随通风量的提高而降低。

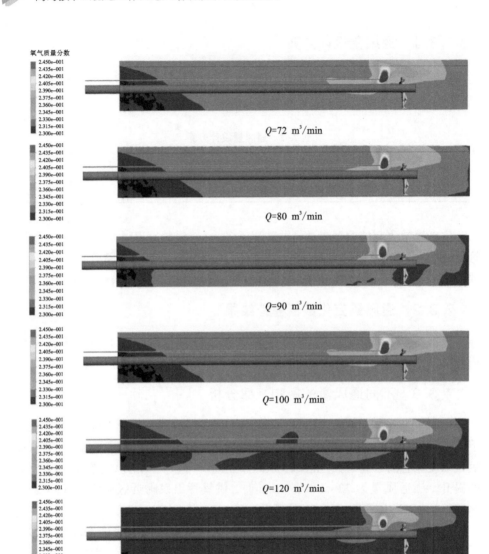

图 7-5　不同通风量下作业面氧气浓度分布云图

　　从图 7-5 中可以看出，通风量不仅影响作业面区域的氧气分布，对其他区域的氧气扩散有着非常重要的影响；通风量水平越低，作业面内部的平均氧气浓度高于其他通风量水平。这是因为随着通风量提高，压抽比保持不变的情况下，抽出式风管的出口风速也随之提高，周边供给的氧气随回风流卷入排出。

　　整理分析不同通风量方案下 1.5 m 呼吸带的氧气质量分数模拟数据，如图 7-6 所示。

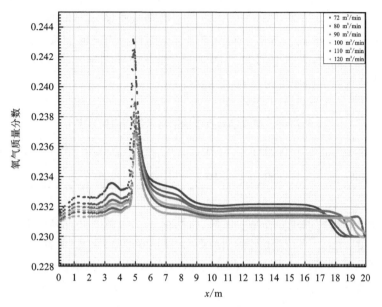

图 7-6　不同通风方案下 1.5 m 呼吸带氧气质量分数

　　从图 7-6 曲线变化可以看出，其结果与图 7-5 相互印证。因为氧气出口位置的影响，氧气质量分数在距离作业面 5 m 处发生了突变，附近区域的氧气浓度也随之有所提高。综上所述，通风量对氧气运移影响作用明显，其中以通风量 72 m³/min 增氧效果最佳。

7.4　供氧速率影响规律研究

　　矿井作业面确定后，供氧速率直接决定了作业面整体的氧气浓度水平。但是出于经济性和安全性的考虑，在不断提高供氧速率的条件下，并不能很好地解决高海拔矿井作业面的缺氧问题，实现安全、高效、经济的矿山作业面的增氧目标。

7.4.1 供氧速率方案设计

采用钢瓶充装医用氧气作为实验氧气来源。充装氧气质量 $m = 8$ kg，钢瓶氧气使用后瓶内余压为 0.05 MPa，使用完后钢瓶质量 $m_0 = 0.06$ kg，氧气有效使用质量 $m_1 = 7.96$ kg。考虑不同供氧速率会对作业面气流和氧气扩散的影响，每个氧气钢瓶的供氧能力如表 7-3 所示。氧气瓶要满足 1 h 供氧量的时间要求，则其氧气供给速率应为 0.0022 kg/s。

表 7-3　氧气钢瓶供氧速率与供氧时间关系表

供氧速率/(kg·s⁻¹)	0.0022	0.0027	0.0033	0.0044	0.0066	0.0088
供氧时间/min	60	50	40	30	20	15

仿真模拟研究的主要参数：供氧管径 20 mm，供氧管离地高度 1.7 m，通风管离地高度 1.2 m，环境温度 288.15 K，大气压 66670 Pa，供氧管氧气质量分数 100%，压入式风管入口风速 6.1 m/s，抽出式风管出口风速 3.05 m/s，其他参数及模拟条件不变。

7.4.2 供氧速率数值模拟结果

通风量设置为 72 m³/min，供氧速率 0.0022~0.0088 kg/s 分别设置 6 个水平，保持其他边界条件不变。经模拟得到了不同供氧速率下中心截面氧气质量分数分布云图，如图 7-7 所示。

7.4.3 供氧速率影响规律分析

由图 7-7 可知，供氧速率与供氧效果呈正相关关系，无论供氧速率多大，作业人员附近区域的氧气浓度均能得到较大提升。当供氧速率为 0.0022~0.0088 kg/s，供氧管附近区域的氧气质量分数达到 24.3% 以上，实现预期增氧 5% 的研究目标。

在其他条件保持不变的条件下，不同供氧速率的扩散效果随着空间位置的变化而有所不同。当供氧速率为 0.0022 kg/s 时，作业人员附近区域的最低氧气浓度为 23.5%，增加了 2.17%；当速率为 0.0027 kg/s 时，最低氧气浓度为 23.6%，增加了 2.6%；当速率为 0.0033 kg/s 时，最低氧气浓度为 23.8%，增加了 3.47%；当速率为 0.0044 kg/s 时，最低氧气浓度为 23.9%，增加了 3.91%；当速率为 0.0066 kg/s 时，最低氧气浓度达到 24.3%，增加了 5.0% 以

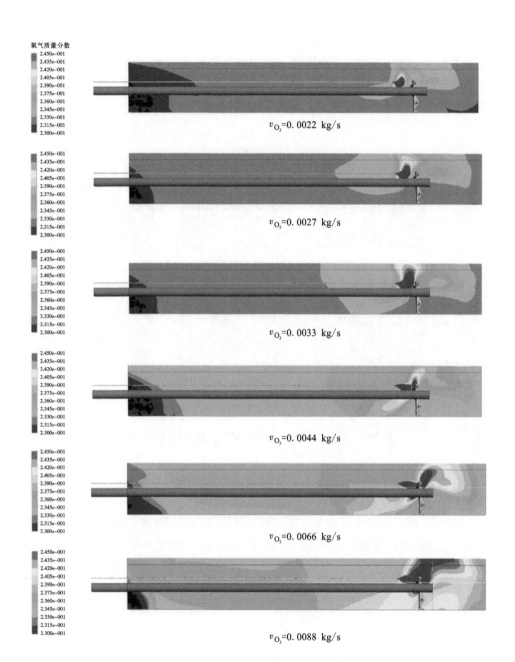

图 7-7　不同供氧速率下中心截面氧气质量分数分布云图

上；当速率为 0.0088 kg/s，最低氧气浓度达到 24.5%，增加了 5.0% 以上。对比可以发现：供氧速率越高，供氧管与作业人员附近区域的氧气浓度越高，氧气富集区域也随之扩大，作业面区域内整体氧气浓度也相应得到提升；当供氧速率达到 0.0088 kg/s 时，作业面区域的氧气质量分数可达 23.4%。距离作业面 4 m 区域氧气质量分数云图，如图 7-8 所示。

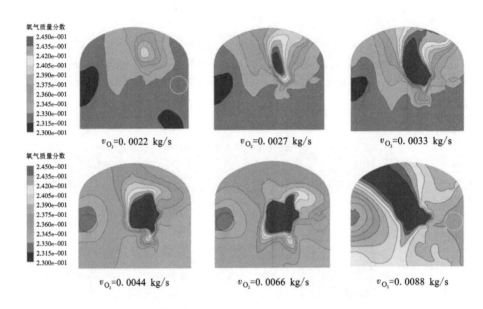

图 7-8　距离作业面 4 m 区域氧气质量分数分布云图

整理分析不同供氧速率下 1.5 m 呼吸带的氧气质量分数模拟数据，结果如图 7-9 所示。

根据图 7-8 和图 7-9 可知，不同供氧速率条件下，氧气质量分数的大体走势相同。在距离作业面 5 m 的区域，由于供氧出口导致附近区域的氧气浓度发生了突变，供氧速率越大，氧气质量变化曲线对应的数值就越高。但在生产实践中要兼顾供氧需求、增氧效果和经济性直接的关系。

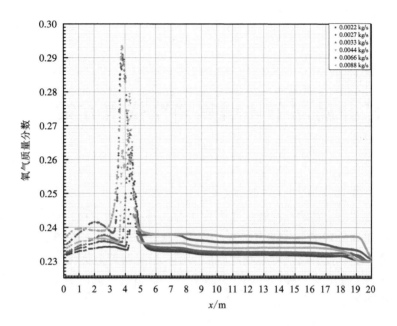

图 7-9　不同供氧速率下 1.5 m 呼吸高度氧气质量分数

第8章

金属矿井局部个体增氧调控技术方案

为实现安全、经济、有效的高海拔矿井巷道通风增氧应用效果,本章设计了一种矿用局部新型个体供氧装置,仅对口鼻呼吸区域进行精准的小范围通风增氧,进一步解决了氧气有效利用率的问题;在此基础上优化了个体供氧装置的氧气来源,提出了一种可伸缩供氧软管连接巷道氧气源的方法,减轻了作业人员工作负担。

8.1 新型个体局部供氧装置设计

本设计装置主要对个体口鼻呼吸带区域进行通风增氧,改善高海拔地区矿井作业人员的缺氧问题,个体局部供氧装置如图 8-1 所示。

矿用个体局部供氧装置工作原理:①局部供氧装置由氧气源、输氧管路和供氧喷嘴三部分组成,氧气源由氧气瓶和气瓶柜组成;②氧气源通过输氧管路将氧气输送至工作区域,可伸缩的供氧软管一端与输氧管道连接,另一端与供氧喷嘴相连接,通过软管伸缩保持在移动过程中连接;③供氧喷嘴通过支架固定在人体头部斜上方,供氧喷嘴出口向人体口鼻侧区域倾斜,喷嘴喷出的氧气使口鼻呼吸区域形成局部富氧环境,满足人体呼吸增氧需求。

个体局部供氧装置及方法相比作业面区域内的整体增氧来说,大大减少了增氧所需的供给氧气量,显著降低了人工供氧成本。为进一步评估个体局部供氧装置的实际增氧效果,采用 COMSOL 软件建立了相应的数值仿真模型,并结合云南普朗铜矿作业面实际参数设置模拟边界条件。

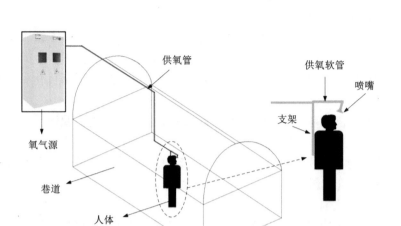

图 8-1　矿用个体局部供氧装置示意

8.1.1　个体局部供氧装置数值模型

构建的仿真模型尺寸长 1 m、宽 1 m、高 0.4 m，在模型的人体鼻孔处设置一个 4.76×10^{-4} m^2 的吸气区域，用于模拟人体口鼻吸氧；供氧管半径为 0.008 m，供氧喷嘴倾斜 15° 朝向人体口鼻处，喷嘴口直径为 0.03 m。如图 8-2 所示，图中坐标系定义为：人体头部中心位置为坐标系的原点，头部面向方向为 Y 方向，头部两侧方向为 X 方向，头部上下方向为 Z 方向。

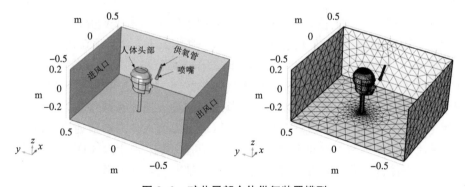

图 8-2　矿井局部个体供氧装置模型

考虑作业人员在作业面内工作时存在通风条件，须设定作业面存在一个稳定的通风风流。即在人体头部模型后端设置稳定风流入口，人体头部模型前端设置风流出口，模拟矿井通风风流对局部增氧效果的影响作用。为提高仿真模型计算的精确度，对人体头部区域、喷嘴区域的网格进行局部优化和加密，如图 8-2 所示。

为研究不同喷嘴布置方式对增氧效果的影响规律，实验设计了 3 种不同喷嘴出口位置，分别是：对比方案 1 中喷嘴出口水平高度低于人的头顶 0.06 m，供氧管角度为 0°，供氧管竖直向下供氧；对比方案 2 中喷嘴出口水平与人的头顶持平、供氧管倾斜 15°朝向人体口鼻；对比方案 3 中喷嘴出口水平低于人的头顶 0.06 m，供氧管倾斜 15°朝向人体口鼻。

模拟研究的边界条件设置：温度 288.15 K，大气压 66614 kPa，空气密度 0.8064 kg/m³，供氧管风速 5 m/s，口鼻处吸氧速度 4.5 m/s，作业面风流风速 0.5 m/s。

8.1.2　局部供氧装置数值模拟分析结果

模拟结果如图 8-3 所示，其中 $X=0$ m 截面为模拟人体头部的正中间平面。对比方案 1：高浓度氧气质量分数主要位于口鼻前方区域，且在风流的干扰下，氧气向远离人体口鼻处扩散的范围增大，人体吸入的氧气质量分数为 25.4%。对比方案 2：由于人体对风流的阻挡作用减弱，高浓度氧气从喷嘴喷出后随风流向人体前方扩散，导致供氧效果不明显，人体吸入空气氧气质量分数为 23.4%。对比方案 3：高浓度氧气集中在人体口鼻处区域，提高了吸入氧气质量分数，由于人体头部阻挡作业，高浓度氧气受风流影响较小，人体吸入氧气质量分数达到 26.4%。

通过比较分析，对比方案 3 喷嘴出口位置最佳，后续相关研究采用本对比模拟优化参数，即供氧管角度 15°、喷嘴出口水平高度低于人体头顶 0.06 m。

图 8-4 为对比方案 3 喷嘴出口位置时的作业面区域的气流分布图。

由图 8-4 可知，氧气喷出后，由于气体黏性阻力作用，在喷嘴出口处流速很快，所受阻力很大，导致在 Z 轴方向范围内的最大速度衰减很快。在喷嘴的作用下，人体口鼻附近形成一个高速流动区域。由于人体对巷道通风风流的阻挡，风流在人体头部两侧和头顶上方产生高流速区域；由于人体面部区域流速较小，当人体背对巷道风流方向时，通风风流对供氧装置喷出的氧气扩散影响较小。

图 8-5 为氧气质量分数分布图。从图中可以看出，氧气经供氧管喷嘴喷出，随着与喷嘴出口距离的增加，氧气质量分数逐渐减低，符合氧气 Z 轴方向

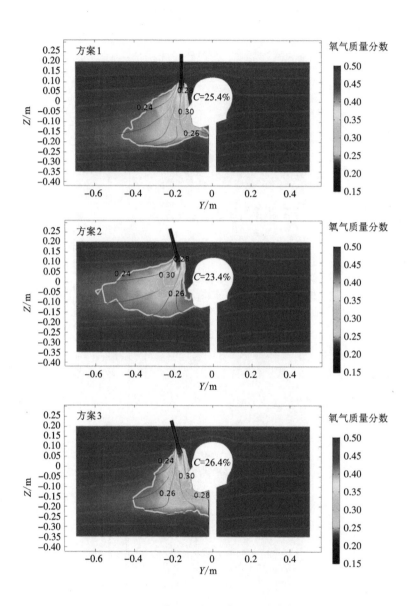

图 8-3　人体口鼻 X=0 m 截面氧气质量分数分布

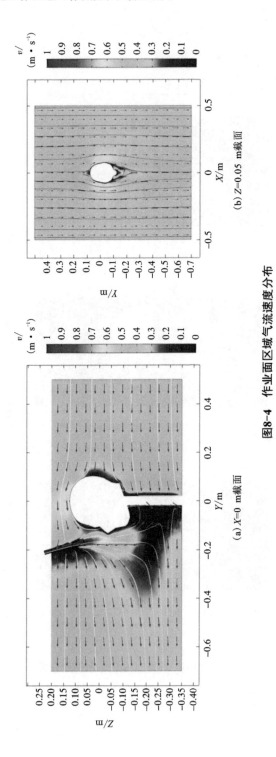

图8-4 作业面区域气流速度分布

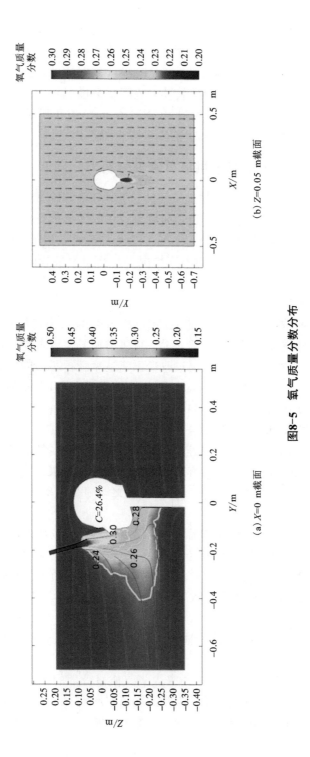

图8-5　氧气质量分数分布

131

最大浓度都随氧气出口轴向距离增加而衰减的一般规律。

从图 8-5 可知，使用喷嘴局部供氧时，高浓度氧气主要集中在人体口鼻处附近区域，有效提高了氧气的利用率。此时吸入氧气浓度达到 26.4%，耗氧量为 0.06 m³/min。与第 6 章采用供氧管大范围增氧模式相比，作业面内的氧气浓度提高到 25.9% 时的耗氧量达到 12.46 m³/min。故采用矿井局部个体供氧装置能大幅度减少氧气消耗，同时能取得更好的增氧效果。

8.1.3 局部增氧装置供氧可靠性分析

氧气在作业面的分布特征与供氧条件、通风环境等因素密切相关。为了掌握供氧速度、供氧质量分数与巷道通风风流对增氧效果的影响，分别计算了不同增氧效果影响因素下的氧气分布情况。以吸入氧气质量分数相对增加 5% 为目标，即 24.35% 为分析指标，对不同情况下局部供氧装置的供氧效果稳定性进行了研究。

(1)供氧速率。

供氧量是影响局部增氧效果的关键参数，供氧量过小将导致增氧效果差，而供氧量过大将造成大量氧气资源浪费，直接增加了供氧成本。为研究不同供氧量的局部增氧效果，在计算中通过改变供氧速率获得不同的供氧量变化，选取的供氧速率为 2 m/s、4 m/s、6 m/s 和 7 m/s，即对应的供氧量为 0.03 m³/min、0.06 m³/min、0.09 m³/min 和 0.11 m³/min，其他设置条件与对比方案 3 保持一致，所获模拟结果如图 8-6 所示。

根据图 8-6 所示，随着供氧速率的增加，氧气扩散蔓延范围显著增大，其原因在于氧气从喷嘴喷出后，具有 Z 轴和 X 轴方向的延展性能，且氧气出口速度越大，所形成的富氧范围越大，因此富氧区域在 X、Z 轴方向的扩展距离越远。

尽管供氧速度不同，但在喷嘴出口与口鼻处之间区域都存在较大的氧气质量分数梯度变化，这是由于富氧空气在距离氧气喷口处的流动速度很大，受到周围气体黏性阻力大，使得氧气扩散能力减弱，当氧气质量分数降低到 24%~27% 之后，进入相对稳定的氧气浓度衰减变化过程，直至接近环境空气中的氧气质量分数为止。

将不同供氧速率条件下的人体吸入氧气质量分数进行函数拟合，结果如图 8-7 所示。

由图 8-7(a)可知，供氧速度与吸入氧气质量分数的增长曲线呈现单调增函数关系，且满足指数函数关系，随着供氧速率增大，人体吸入氧气质量分数上升幅度有所减缓。如图 8-7(b)所示，随着供氧速率增加，氧气质量分数达

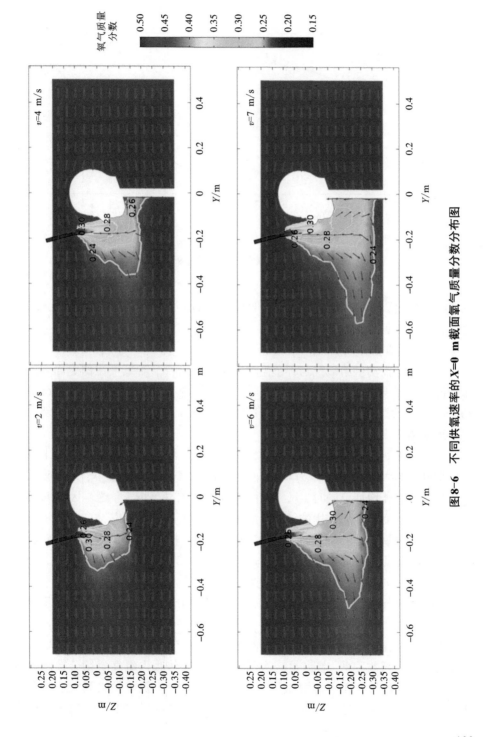

图 8-6　不同供氧速率的 X=0 m 截面氧气质量分数分布图

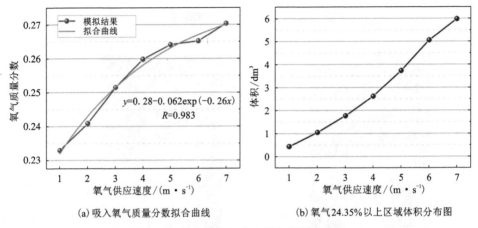

（a）吸入氧气质量分数拟合曲线　　　　　（b）氧气24.35%以上区域体积分布图

图8-7　作业面氧气分布特征分析曲线图

到24.35%的区域体积逐渐增加，上升幅度有所增大，当供氧速率大于6.0 m/s之后，上升幅度有所减缓。

（2）氧气质量分数。

浓度差是推动供给氧气与环境空气混合动力之一，对氧气在作业面内的分布情况具有重要影响。本章分别研究了氧气质量分数为40%、50%、60%和70%时对局部增氧效果的影响规律，其他设置条件与对比方案3保持一致，模拟结果如图8-8所示。

从图8-8可知，随着供给氧气质量分数增大，相同供氧管Z轴距离上的氧气质量分数越大，喷嘴出口与口鼻之间区域的氧气分数梯度减小，人体吸入氧气质量分数显著增加。同时，氧气扩散蔓延的范围显著增大。这是因为对流扩散过程中的浓度差推动作用的结果，浓度差越大扩散范围越广。

氧气在供氧管中心轴方向上的扩散距离差异较小，供给氧气质量分数越大，巷道通风风流在向人体前方移动过程中能够带动更多供给氧气参与，使得氧气在Y轴方向上的延展距离差异变得显著。

将不同氧气质量分数下的人体吸入氧气质量分数进行函数拟合，如图8-9所示。

由图8-9（a）可知，供给氧气质量分数与人体吸入氧气质量分数的增长曲线呈现单调增函数关系，且满足一次函数关系；人体吸入氧气质量分数随供给氧气质量分数的增大而平稳增加。如图8-9（b）所示，随着供给氧气质量分数增大，人体吸入空气的氧气质量分数与氧气质量分数达到24.35%的区域体积

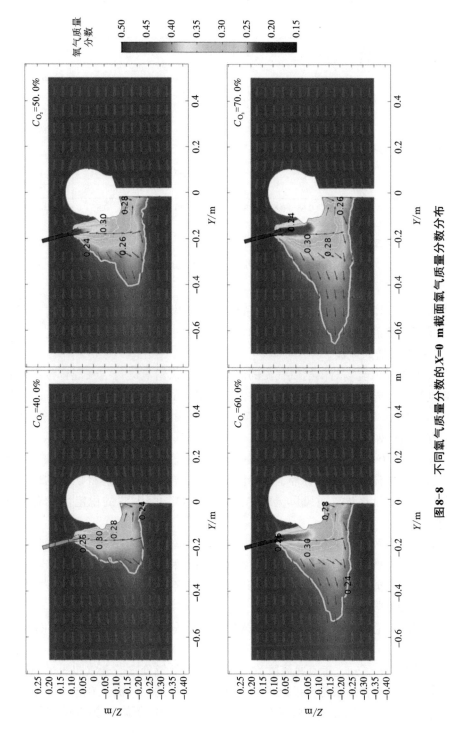

图 8-8　不同氧气质量分数的 X=0 m 截面氧气质量分数分布

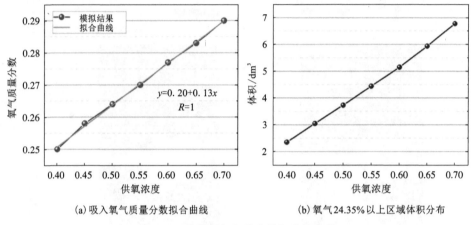

(a) 吸入氧气质量分数拟合曲线　　　　(b) 氧气24.35%以上区域体积分布

图 8-9　作业面氧气分布特征分析曲线

呈上升趋势，且整体上升趋势是平稳的。这说明供给氧气质量分数对矿井局部个体供氧装置的稳定性具有显著影响。

（3）巷道通风风流。

巷道内通风流场对供给氧气流的流动方向、供给氧气与空气混合程度都有一定的影响。选取通风风流速度为 0.2 m/s、0.4 m/s、0.6 m/s 和 0.8 m/s，研究通风风速对局部增氧效果的影响规律，其他设置条件与对比方案 3 保持一致，模拟结果如图 8-10 所示。

从图 8-10 可知，巷道通风风流的增大意味着通过作业面的风量增大，巷道通风风流在流动过程中会带走更多供给氧气，导致人体口鼻处区域的氧气质量分数降低。因此巷道通风风流对矿井局部个体增氧装置的稳定性具有显著影响。

巷道通风风流越大，风流对供给氧气流的推动作用力越强，对喷嘴出口氧气流的扰动越明显，引起供给氧气向人体前方运移蔓延；富氧区域沿 Y 轴方向随风流向头部前方延伸，X 轴方向的扩散距离则不断缩小，相同 X 轴坐标位置的氧气质量分数也越小。

将不同巷道通风风流下的人体吸入氧气质量分数进行函数拟合，如图 8-11 所示。

由图 8-11 可知，巷道通风风流与人体吸入氧气分数的衰减曲线呈现单调增函数关系，两者关系符合指数函数规律。当巷道通风风流从 0.3 m/s 增大到 0.8 m/s 时，人体吸入氧气质量分数呈下降趋势，且下降趋势有所减缓。如

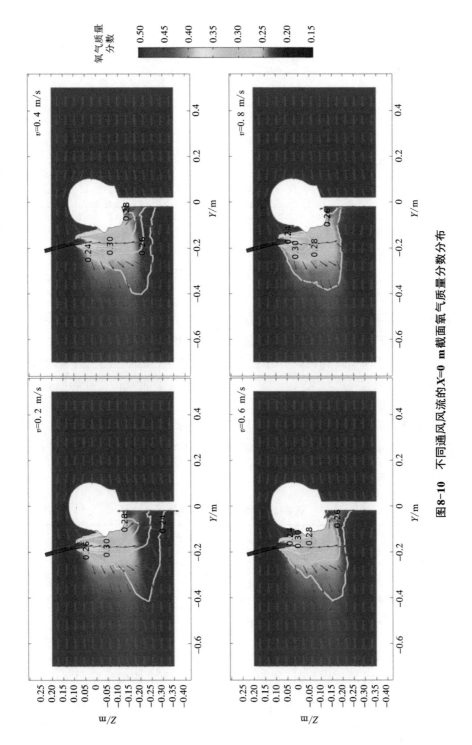

图 8-10　不同通风风流的 X=0 m 截面氧气质量分数分布

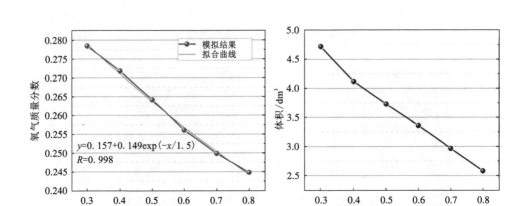

(a) 吸入氧气分数拟合曲线　　　　　　(b) 氧气24.35%以上区域体积分布

图 8-11　氧气分布特征分析曲线

图 8-11(b)所示,随着巷道通风风流的增加,氧气质量分数达到 0.2435 区域时,体积出现下降趋势。巷道通风风速增大,风机功耗增加,同时导致供氧装置的增氧效果下降。因此在矿井作业面通风优化时,应根据供氧、除尘需求,结合人体舒适度,调整通风风速,实现安全、舒适、低能耗的作业环境。

(4)增氧效果影响因素重要性排序。

为了获得供氧速率、氧气质量分数、巷道通风风流三个因素对矿井局部人体增氧装置的增氧效果的影响大小,采用正交设计法对三个影响因素进行了研究,因素水平选择如表 8-1 所示。

表 8-1　影响因素水平选择

影响因素水平	供氧速率/(m·s⁻¹)	氧气质量分数/%	巷道通风风流/(m·s⁻¹)
1 水平	3.0	40	0.2
2 水平	5.0	50	0.5
3 水平	7.0	60	0.8

正交设计试验结果如表 8-2 所示。根据实验结果对其进行极差计算和优水平确定,按照各因素极差大小,排出重要性顺序,因素的极差越大表示此因素越重要。

表 8-2　正交设计表与试验结果

试验编号	供氧速率 V /(m·s^{-1})	氧气质量分数 C /%	巷道通风风流 U /(m·s^{-1})	吸入氧气质量分数/%
1	3.0	40	0.2	25.52
2	3.0	50	0.5	25.15
3	3.0	60	0.8	23.74
4	5.0	40	0.5	25.00
5	5.0	50	0.8	24.48
6	5.0	60	0.2	30.42
7	7.0	40	0.8	24.29
8	7.0	50	0.2	24.47
9	7.0	60	0.5	28.51
极差	1.83	2.86	2.63	
优水平	V_2	C_3	U_1	—
优组合	$V_2C_3U_1$			

氧气质量分数、巷道通风风流和供氧速率的极差计算结果分别为 2.86、2.63 和 1.83，由此影响大小排序为：氧气质量分数>巷道通风风流>供氧速率。巷道通风风流与氧气质量分数的极差相差较小，这两个因素的重要性等级比较接近。在实际应用中，通过氧气质量分数的调节比较便捷，进风端的风速受到通风系统的通风效果的综合影响，一般调控难度比较大。优化矿井局部个体供氧装置时，应重点考虑巷道通风风流对增氧效果的影响。根据研究数据可知，最优因素水平组合为供氧速率 5.0 m/s、氧气质量分数 60%和巷道通风风流风速 0.2 m/s。

8.2　新型个体供氧装置实物研发

根据前述模拟研究所获得的矿井局部个体供氧装置最优参数方案，即供氧管角度为 15°、喷嘴出口水平高度低于人的头顶 0.06 m。为了进一步验证模拟研究结果的可靠性，开展了室内验证实验研究。

8.2.1　新型个体供氧装置实物模型

按照模拟研究的优化参数，制作了矿井局部新型个体供氧装置实物，如图 8-12 所示。

图 8-12　矿井局部新型个体供氧装置

供氧装置的构成：①考虑作业人员须佩戴安全帽进行生产作业，将喷嘴通过鹅颈管直接固定在安全帽上，减少对人体额外束缚；通过鹅颈管固定喷嘴可以方便作业人员调整喷嘴位置，包括喷嘴高度、角度。②喷嘴直径 0.03 m 与模拟尺寸相同；喷嘴采用表面光滑、透明的塑料材质，可以减轻重量和减少通风阻力，而透明有利于减少对作业人员的视线干扰；喷嘴与鹅颈管之间采用软管连接，有利于保障良好的气密性。③组装实物模型时，喷嘴朝向人体口鼻处，且喷嘴高度要低于人体头顶 0.06 m。

8.2.2　新型个体供氧装置供氧效果

室内实验场地为中南大学地下工程实验室的一个巷道掘进面，如图 8-13 所示。室内实验主要步骤：①前期准备工作，按要求连接好供氧管路并做好检查工作，实验采用氮气混合氧气的方式来调节氧气质量分数；②实验测量阶段，实验人员佩戴新型个体供氧装置进入实验巷道，在不同喷嘴直径、氧气质量分数的条件下，每隔 2 min 测量一次人体口鼻处区域氧气质量分数和风速；③完成实验所需数据的采集工作之后，关闭氧气减压阀和氮气减压阀，整理实验仪器。

图 8-13　被试人员佩戴新型个体局部供氧装置

室内试验采用供氧流量为 0.001 m³/s, 当氧气质量分数为 50% 时, 人体口鼻处区域的氧气质量分数能达到 28%, 远高于预期目标的 24.35%。为了考虑增氧的经济性, 将供氧流量逐步调小, 并保持 0.00044 m³/s 不变, 再调节氧气流量与氮气流量比例, 使氧气质量分数调整为 25%、50%。喷嘴直径选取为 0.03 m、0.06 m 和 0.09 m。实验结果及数据分析结果如表 8-3 所示。

表 8-3　人体口鼻处区域平均氧气质量分数和平均风速数据

喷嘴直径 /m	氧气质量 分数/%	平均氧气质量分数/%					
		2 min	4 min	6 min	8 min	10 min	12 min
0.03	50	27.97	27.56	26.28	24.66	24.25	24.42
	25	24.66	24.85	25.08	24.65	24.80	24.56
0.06	50	25.21	23.67	26.74	28.73	26.02	27.52
	25	24.39	24.72	24.25	24.66	24.71	24.24
0.09	50	24.94	27.18	25.00	25.38	25.05	25.07
	25	24.03	23.76	23.41	23.54	23.46	23.57

续表8-3

喷嘴直径/m	氧气质量分数/%	平均风速/(m·s⁻¹)					
		2 min	4 min	6 min	8 min	10 min	12 min
0.03	50	0.19	0.23	0.13	0.15	0.18	0.13
	25	0.14	0.25	0.17	0.11	0.15	0.21
0.06	50	0.16	0.07	0.12	0.08	0.11	0.13
	25	0.06	0.04	0.09	0.07	0.12	0.09
0.09	50	0.15	0.08	0.12	0.11	0.08	0.05
	25	0.12	0.06	0.18	0.09	0.06	0.07

将实验所得数据用点线图形式表示,结果如图8-14所示。

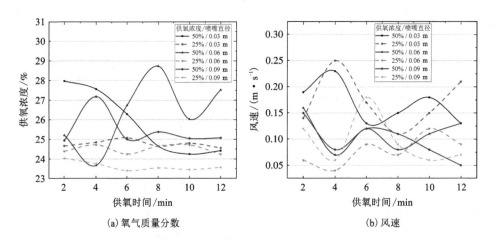

(a) 氧气质量分数   (b) 风速

图8-14 人体口鼻处区域氧气质量分数和风速

从图8-14(a)可以看出,当供给氧气质量分数为50%时,人体口鼻处区域氧气质量分数随供氧时间的波动比较大,还存在低于供给氧气质量分数为25%时的情况。当供给氧气质量分数为25%时,人体口鼻处区域氧气质量分数变化不大,呈现较稳定的状态。喷嘴直径为0.03 m与0.06 m的供氧效果差异不大,当喷嘴直径增加到0.09 m时,喷嘴对氧气的聚集效果变差,氧气质量分数明显低于更小的喷嘴直径。

从图 8-14(b) 可以看出，喷嘴直径较小时，人体口鼻处区域的风速明显高于喷嘴直径为 0.06 m 和 0.09 m 时的情况。这是因为喷嘴对供给氧气流的聚集作用，在人体口鼻处区域形成了一个高速流动区域，引流更多氧气流动到人体口鼻处区域。室内实验结果与数值模拟结果相符。

8.2.3　耳麦式吸氧器供氧效果分析

在矿井局部个体供氧装置的基础上，提出了一种耳麦式吸氧器。它采用鼻外弥散式吸氧，洁净卫生，个人可重复多次使用。耳麦式吸氧器如图 8-15 所示。

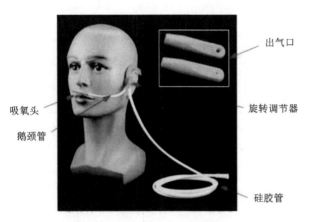

图 8-15　耳麦式吸氧器

耳麦式吸氧器工作原理：①通过鹅颈管连接吸氧头与旋转调节器，鹅颈管与旋转调节器的结合，更大限度地提高了吸氧头可调节的位置范围；②鹅颈管另一端通过硅胶管与作业面的氧气源连接；③吸氧头采用可拆卸出氧口，可更换大小出气孔，满足不同需求。

为了与矿井局部个体供氧装置进行对比分析，耳麦式吸氧器采用相同的室内试验方法对其增氧效果进行了研究。考虑耳麦式吸氧器的出口距离鼻孔很近，供给氧气质量分数不可过高，否则可能导致高浓度氧中毒；同时考虑出口气流风速不宜过大，风速太大会引起人体不适。实验供氧流量为 5.6×10^{-5} m³/s，氧气质量分数为 25%、50%，出口直径为 0.001 m 和 0.002 m。实验结果及数据分析如表 8-4 所示。

表 8-4　人体口鼻处区域平均氧气质量分数和平均风速数据

出口直径/m	氧气质量分数/%	平均氧气质量分数/%					
		2 min	4 min	6 min	8 min	10 min	12 min
0.001	50	24.66	23.95	24.36	24.58	24.65	24.29
	25	23.95	24.07	23.45	24.15	24.16	24.02
0.002	50	24.35	23.72	24.41	24.38	24.38	24.36
	25	23.85	24.27	24.09	23.61	23.74	23.50

出口直径/m	氧气质量分数/%	平均风速/(m·s⁻¹)					
		2 min	4 min	6 min	8 min	10 min	12 min
0.001	50	0.69	0.51	0.54	0.57	0.59	0.63
	25	0.54	0.65	0.47	0.61	0.65	0.61
0.002	50	0.36	0.37	0.42	0.48	0.41	0.33
	25	0.43	0.31	0.39	0.47	0.42	0.39

将实验所得数据用点线图形式表示，如图 8-16 所示。

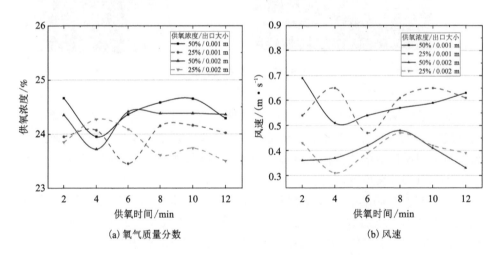

(a) 氧气质量分数　　(b) 风速

图 8-16　人体口鼻处区域氧气质量分数图和风速

从图 8-16(a)可以看出，出口氧气质量分数不同时，人体口鼻处区域的氧气质量分数差异不大；当供给氧气质量分数为 25%，氧气出口直径为 0.002 m时，供氧效果呈现最不稳定状态；在 12 min 时氧气质量分数只提高至 23.50%，与预期目标 24.35% 差异较大。

从图 8-16(b)可以看出，在供氧流量不变情况下，吸氧器出口直径越小，在人体口鼻处的风速越大，且显著高于新型个体供氧装置，其中最高风速为0.69 m/s。一般认为，当风速小于 1.5 m/s 时，人体不会产生明显的不适感。

8.3　不同供氧方案与供氧装置效果对比

在前述研究工作的基础上，本节对高海拔地区矿井通风增氧的几种通风增氧方式和个体供氧方式进行了对比研究。首先对比分析两种个体供氧方式的增氧效果，然后对比分析通风供氧与个体供氧的效果。

8.3.1　两种个体供氧装置对比

矿井局部个体供氧装置与耳麦式吸氧器的固定位置不同，耳麦式吸氧器固定在耳部，会给人体耳部造成一定的负担；新型个体供氧装置则固定在安全帽上，当装置重量比较轻时，不会造成明显负担。新型个体供氧装置的供氧喷嘴直径比较大，可能会对人体视线造成一定的干扰。两种个体供氧装置各有优劣。为了进一步了解两种供氧装置的接纳度，对室内实验参试人员和矿山作业人员进行了问卷调研，简易问卷如表 8-5 所示。

表 8-5　个体供氧实验调查问卷

编号	问题	编号	问题
No. 1	该装置是否对视线造成干扰？	No. 4	携带装置影响现在的工作吗？
No. 2	该装置的整体质量感觉重吗？	No. 5	携带装置会产生焦虑吗？
No. 3	携带装置会感到额外负担吗？		

问卷调查结果如表 8-6 所示，被试人员的问卷调查结果基本一致。但由于个体差异性，被试对个体供氧装置的反馈存在一定差异。

表 8-6　两种个体供氧装置的问卷结果

问卷结果分组	矿井局部个体供氧装置				
	No. 1	No. 2	No. 3	No. 4	No. 5
1	轻微	不重	无负担	不影响	不焦虑
2	轻微	不重	无负担	不影响	不焦虑
3	不干扰	不重	无负担	不影响	不焦虑
问卷结果分组	耳麦式吸氧器				
1	不干扰	不重	无负担	不影响	不焦虑
2	不干扰	不重	有束缚感	大幅度动作有影响	不焦虑
3	不干扰	不重	有束缚感	大幅度动作有影响	不焦虑

问卷调查结果反映出来的情况主要包括：

（1）对视线影响方面，耳麦式吸氧器更占优势，被试人员均回答不干扰视线；矿井局部个体供氧装置的喷嘴尽管采用了透明塑料材质，但还是让部分被试人员感受到了轻微的视线干扰，可通过调节喷嘴出口最低点相对人眼位置来减小对视线的干扰。

（2）矿井局部个体供氧装置与耳麦式吸氧器的重量都小于 0.3 kg，被试人员均反馈两种装置重量都比较轻，认为矿井局部个体供氧装置不会产生额外的负担，但部分人员感觉耳麦式吸氧器会有束缚感。

（3）矿井局部个体供氧装置对工作方便性方面基本无影响，被试人员都认为不会对工作造成不便；部分被试人员认为耳麦式吸氧器对工作方便性有一定的影响。这是因为被试人员在运动过程中，供氧管对耳麦式吸氧器具有一定的牵引作用，若动作幅度比较大，会导致耳麦式吸氧器发生脱落或移位。

（4）矿井局部个体供氧装置与耳麦式吸氧器所连接的氧气源都在作业面活动区域之外，不会额外增加作业人员的负担，不会产生焦虑感；而随身携带氧气瓶在高海拔缺氧条件下进行体力劳动工作，会带来额外负担。

8.3.2　通风供氧与个体供氧方式对比

针对高海拔地区矿井局部作业面的通风增氧提出了几种不同的供氧方式，重点对空气幕增压增氧方式、新型环形空气幕富氧装置、矿井局部个体供氧装置和耳麦式吸氧器的供氧效果进行了对比研究，如表 8-7 所示。标准氧气钢瓶容积 40 L，理想状态下能释放氧气量为 6 m³，在通风供氧的弥散方式下，一瓶氧气的有效使用时间为 0.35~2.49 h；个体供氧方式则显著增加有效使用时间，其中矿井局部个体供氧装置能使用 7.58 h，耳麦式吸氧器能使用 59.52 h。氧气有效利用率方面，个体供氧装置明显占优，实现氧气经济、高效、精准使用。但个体供氧装置需要固定在作业人员身上，与通风供氧装置相比，会产生一定的行动不便利性和身体的额外负荷。

表 8-7　几种不同供氧方式的效果对比分析

供氧方式	供氧量 /(m³·s⁻¹)	单瓶氧气有效 使用时间/h	供给氧气 质量分数/%	呼吸区平均氧气 质量分数/%
空气幕增压增氧方式	0.0048	0.35	100	25.06
新型环形空气幕富氧装置	0.00067	2.49	100	26.42
矿井局部个体供氧装置	0.00044	7.58	50	26.32
耳麦式吸氧器	0.000056	59.52	50	24.42

根据以上各章节开展的研究成果来看，不同的供氧装置性能、特点使用场景都有各自优势，需要结合具体矿山应用场景进行综合考虑。

（1）通风供氧方式的特点，可以在较大范围内形成比较均匀的富氧活动区域；缺点是供给氧气通过风机沿风机叶轮转动时的切线方向喷出，增加氧气在一定空间内扩散范围，若作业区设置有气流屏障，会造成氧气的扩散流失。通风供氧方式适用于相对密闭的矿井区域，如设置风门的掘进巷道、休息硐室等，也可以与空气幕结合使用。

（2）矿井局部个体供氧装置与耳麦式吸氧器的特点：能够按需、精准地对个体提供氧气，显著提高了氧气的利用率，降低了日常使用成本。但由于装置与通风管线会在人员活动时产生束缚，个体供氧方式适用于不需要作业人员大范围活动的作业方式，例如矿用机械驾驶员、矿井值班硐室人员等；也可用于不具备通风供氧条件的其他情况下使用。

第 9 章

巷道型射流式氧气扩散规律模拟研究

针对高海拔地区矿井作业存在的低压、缺氧问题，除了采用前述的矿井通风增氧和个体供氧的方法之外，本章提出了一种矿用可移动式人工增氧装置设计方案。该装置实现了对矿井作业面区域人工增氧的自主调控功能，为实现安全、高效、经济的人工增氧目标提供了技术基础。

9.1　矿井气体运动与扩散基础理论

9.1.1　气体运动与扩散基本方程

（1）气体状态方程。

理想气体状态方程一般表示为 $pV=nRT$。如果将 $n=m/M$，$V=m/\rho$ 代入，空气密度可由理想气体状态方程计算获得。流动气体状态方程，即流体压力 p_0 对于气体密度、温度的函数表达式，当流动气体处于不可压缩状态时，其表达式为：

$$p_0=\rho RT \tag{9-1}$$

式中：p_0 为流体压力，Pa；ρ 为气体密度，kg/m^3；R 为气体比例常数，取值为 8.314 $J/(mol \cdot K)$；T 为流动气体温度，K。

（2）连续性方程。

连续性方程又称质量守恒方程，当流动气体发生运动时，一般情况下，在相同时间内进入流动气体微元体的质量与微元体的质量相对增量保持一致。气体流动的连续性方程为：

$$\frac{\partial \rho}{\partial t} + \frac{\partial \rho u}{\partial x} + \frac{\partial \rho v}{\partial y} + \frac{\partial \rho w}{\partial z} = 0 \tag{9-2}$$

（3）能量守恒方程。

由能量守恒定律可以推导出流动气体能量守恒方程，其函数表达式为：

$$\frac{\partial}{\partial t}(\rho C_p T) + \frac{\partial}{\partial x}(\rho u C_p T) + \frac{\partial}{\partial y}(\rho v C_p T) + \frac{\partial}{\partial z}(\rho w C_p T)$$

$$= \frac{\partial}{\partial x}\left(\lambda \frac{\partial T}{\partial x}\right) + \frac{\partial}{\partial y}\left(\lambda \frac{\partial T}{\partial y}\right) + \frac{\partial}{\partial z}\left(\lambda \frac{\partial T}{\partial z}\right) - q_r \tag{9-3}$$

主要分为 x 轴、y 轴及 z 轴三个方向，其中 x 轴方向能量方程函数关系式为：

$$\rho\left(\frac{\partial u}{\partial t} + u\frac{\partial u}{\partial x} + v\frac{\partial u}{\partial y} + w\frac{\partial u}{\partial z}\right) = -\frac{\partial p}{\partial x} + \frac{\partial}{\partial x}\left[2\mu\frac{\partial u}{\partial x} - \frac{2}{3}\mu\left(\frac{\partial u}{\partial x} + \frac{\partial v}{\partial y} + \frac{\partial w}{\partial z}\right)\right] +$$

$$\frac{\partial}{\partial y}\left[\mu\left(\frac{\partial u}{\partial y} + \frac{\partial v}{\partial x}\right)\right] + \frac{\partial}{\partial z}\left[\mu\left(\frac{\partial w}{\partial x} + \frac{\partial u}{\partial z}\right)\right] + \rho g_x \tag{9-4}$$

y 轴方向能量方程函数关系式为：

$$\rho\left(\frac{\partial v}{\partial t} + u\frac{\partial v}{\partial x} + v\frac{\partial v}{\partial y} + w\frac{\partial v}{\partial z}\right) = -\frac{\partial p}{\partial y} + \frac{\partial}{\partial y}\left[2\mu\frac{\partial v}{\partial y} - \frac{2}{3}\mu\left(\frac{\partial u}{\partial x} + \frac{\partial v}{\partial y} + \frac{\partial w}{\partial z}\right)\right] +$$

$$\frac{\partial}{\partial z}\left[\mu\left(\frac{\partial v}{\partial z} + \frac{\partial w}{\partial y}\right)\right] + \frac{\partial}{\partial x}\left[\mu\left(\frac{\partial u}{\partial y} + \frac{\partial v}{\partial x}\right)\right] + \rho g_y \tag{9-5}$$

z 轴方向能量方程函数关系式为：

$$\rho\left(\frac{\partial w}{\partial t} + u\frac{\partial w}{\partial x} + v\frac{\partial w}{\partial y} + w\frac{\partial w}{\partial z}\right) = -\frac{\partial p}{\partial z} + \frac{\partial}{\partial z}\left[2\mu\frac{\partial w}{\partial z} - \frac{2}{3}\mu\left(\frac{\partial u}{\partial x} + \frac{\partial v}{\partial y} + \frac{\partial w}{\partial z}\right)\right] +$$

$$\frac{\partial}{\partial x}\left[\mu\left(\frac{\partial w}{\partial x} + \frac{\partial u}{\partial z}\right)\right] + \frac{\partial}{\partial y}\left[\mu\left(\frac{\partial v}{\partial z} + \frac{\partial w}{\partial y}\right)\right] + \rho g_z \tag{9-6}$$

式中：x、y、z 为轴方向；其他字母含义同前式。

9.1.2　射流式气体扩散基础理论

气体从出口喷射时一般不存在固体边界的限制，在此状态下喷射出的气体会形成自由射流模式。气体质量流量可用函数关系表示为：

$$Q = \rho_m A_m U_m = \rho_a A_a U_a \tag{9-7}$$

式中：Q 为气体质量流量，kg/s；ρ_m 为出口处的气体密度，kg/L；ρ_a 为等效出口处的气体密度，kg/L；A_m 为出口的截面积，dm^2；A_a 为等效出口的截面积，dm^2；U_m 为出口处气体速度，dm/s；U_a 为出口处气体等效速度，dm/s。

考虑气体射流结构的多样性与复杂性，在计算过程中可以将射流气体的喷射过程分为两个阶段进行分析。第一阶段为紊流射流的近场状态，第二阶段为远离气体射流场的等效出口，即气体扩散远场状态。这样就能以较小气体流速和不可压缩气体流体的假设来对气体扩散过程进行研究，对应的组分方程为：

$$\frac{\partial}{\partial t}(\rho Y_s) + \frac{\partial}{\partial x}(\rho u Y_s) + \frac{\partial}{\partial y}(\rho v Y_s) + \frac{\partial}{\partial z}(\rho w Y_s)$$

$$= \frac{\partial}{\partial x}\left(D_s \frac{\partial Y_s}{\partial x}\right) + \frac{\partial}{\partial y}\left(D_s \frac{\partial Y_s}{\partial y}\right) + \frac{\partial}{\partial z}\left(D_s \frac{\partial Y_s}{\partial z}\right) \qquad (9-8)$$

根据扩散介质的不同特点，气体扩散过程可分为湍流介质和层流介质。不同扩散介质在气体扩散过程中发挥着不同的作用，可分为动量扩散作用和质量扩散作用。动量扩散作用是不同流速气体之间的动量递送作用，质量扩散作用是由质量浓度梯度作用产生的扩散作用。

在气体扩散层流介质中，施密特数 Sc 通常表示动量扩散系数 V 与质量扩散系数 D 之间的比例关系。动量扩散系数 V 与质量扩散系数 D 的取值范围由介质种类、气体质量决定。通常用施密特数 Sc 表征其湍流施密特数 Sc_t，表示气体扩散过程中湍流动量扩散系数和湍流质量扩散系数的比例关系。据此将气体扩散介质、气体扩散种类和施密特数的相关系数进行了整理，如图9-1所示。

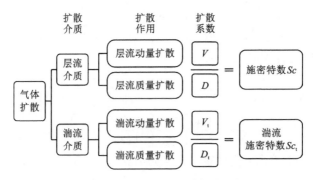

图9-1　气体扩散机理的相关系数

由图9-1可知，通过计算气体扩散介质相关比例关系，可获得施密特数和湍流施密特数。注意，在气体扩散理论中，距离地面较近的区域易出现障碍物，进而会影响气体扩散过程，在实际分析中需要综合考虑多方面的影响因素和情况。

9.1.3　巷道型射流式通风运动特性

矿用可移动式人工增氧装置采用空气射流方式输送氧气到作业面区域，空气射流是指从风机出口快速射出时具有一定初始风速的空气气流状态。空气射流的气流在运动过程中受到前方障碍物或矿井壁面阻力的影响，称为矿井通风受限气流。由于风机出口的射流风流具有较大的初速度和射流动能，而射流动能为不稳定气流提供卷吸作用能量动力，在射流与周围空气的相互作用下，两股气流造成的旋涡会越来越大。根据能量守恒定律，旋涡动能的增大会导致风机出口的射流气流能量减小。由此可知，风机出口的射流气流与周围静态空气的接触，其本质就是初速度梯度影响下的不规则扩张曲面。

但矿井实际通风条件要比上述理论分析的情况复杂得多，一般可根据风机出口射流气流不同的扩散特性划分为三个主要运动阶段：起始段、过渡段和主体段。其中风机出口的自由紊动射流状态如图 9-2 所示。

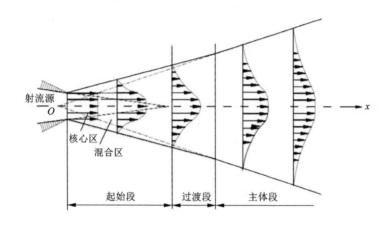

图 9-2　风机自由紊动射流示意

在矿用可移动式人工增氧装置矿井通风实际使用过程中，为了不影响井下生产设备运行或人员走动，人工增氧装置多布置在巷道一侧位置，因此风机空气射流靠近巷道壁面，射流运动是通风受限气流模式，其与自由状态下的射流气流运动存在显著差异。矿井通风受限气流的射流风流结构如图 9-3 所示。

图 9-3 中 A—A′断面表示风机射流出口，气流稳定运动到 B—B′断面，此区域范围称为起始段；B—B′断面，气流运动到主体段，不同于起始段处于自由扩散过程，在此区域气流受到巷道壁面阻力作用，气流速度减小、动能降低，逐渐形成漩涡卷吸周边静态空气，射流中心仍保持出口的射流风速。随着气流继续向前运动，受气流与周边静态空气相互作用的影响，射流中心的风速也开始降低。由于周围射流存在速度梯度，射流中心也开始卷吸周围静态空气，导致相互作用气流区域增大、体积扩张。当射流中心速度与气流能量下降到一定数值时，涡旋气流便不再卷吸周围静态空气，形成新的平衡状态。

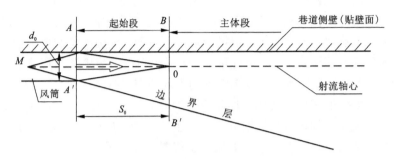

图 9-3　紧贴巷道壁面射流风流结构

根据上述理论分析，矿井通风巷道壁面射流的流量增长方程式为：

$$\frac{Q}{Q_0} = 1 + \frac{0.76\alpha s}{r_0} + 1.32\left(\frac{\alpha s}{d_0}\right)^2 \tag{9-9}$$

简化后可表示为：

$$\frac{Q}{Q_0} = 4.4\left(\frac{\alpha s}{d_0} + 0.147\right) \tag{9-10}$$

式中：Q_0 为风机出口处风量，m^3/min；Q 为风机射流断面处流量，m^3/min；s 为射流距离，m；α 为风机射流的紊流系数，一般情况下圆形风机出口风流射流的紊流系数为 0.08；d_0 为紧贴矿井巷道壁面射流圆形风机直径，m。

9.2　矿用可移动式人工增氧装置应用场景

根据云南普朗铜矿矿井局部通风增氧的需求，提出了矿用可移动式人工增氧装置的初步设计方案，如图 9-4 所示。

矿用可移动式人工增氧装置整体长 1.3 m、宽 1.0 m、高 1.1 m，射流风机选用直径 0.4 m 轴流风机，风机中心距离地面高度 1.5 m。人工增氧装置包括氧气源、风机控制单元、安全状态检测单元和无线氧气数据采集单元，其控制逻辑如图 9-4(b) 所示。PLC 控制器主要与智能控制软件进行数据交换与逻辑判断，实现对矿用可移动式人工增氧装置工作状态进行感知和自主调控。

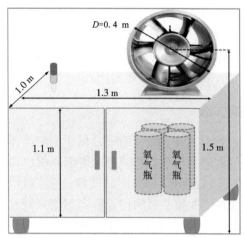

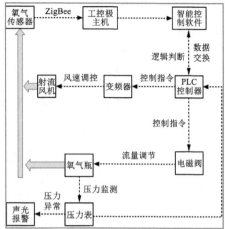

(a) 三维示意　　　　　　　　　　　　(b) 装置控制逻辑

图 9-4　矿用可移动式人工增氧装置初步设计方案

9.2.1　普朗铜矿应用场景基本情况

目前云南普朗铜矿的主要生产中段海拔为 3700 m 左右，因此选择普朗铜矿 3720 无轨平硐作为分析研究对象。矿用可移动式人工增氧装置应用场景如图 9-5 所示。

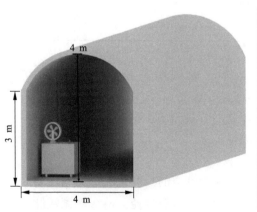

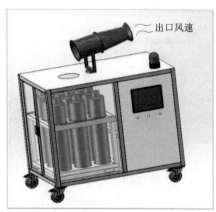

(a) 应用场景示意　　　　　　　　　　(b) 射流风机

图 9-5　矿用可移动式人工增氧装置应用场景

普朗铜矿 3720 无轨平硐横断面近似三心拱，底边长 4 m、高 3 m，面积为 14.902 m^2。人工增氧装置一般安设在平硐入口段附近，通过移动电源提供电源。无线氧气数据采集器由作业人员随身携带，人工增氧装置根据氧气数据采集器来动态调控输送氧气的强度，实现对作业区人员活动区域的自主、动态氧气调节，并设计了相应的安全报警功能。

9.2.2　人工增氧装置通风参数优选

根据矿用可移动式人工增氧装置初步设计方案，结合地下金属矿山局部作业面的应用场景，人工增氧装置可以调节射流风机出口的风速、射流风机出口与壁面的间距、射流风机出口的高度、射流风机出口与壁面的夹角、射流风机出口与水平面的夹角，以及人工增氧装置在作业面断面的位置和人工增氧装置与作业面的距离等参数。考虑实际使用的方便性和参数优化的影响程度，下面重点分析射流风机出口的风速、射流风机出口与壁面的间距和射流风机出口的高度。

（1）射流风机出口的风速。

金属矿山安全规程对矿井通风系统风速的规定如表 9-1 所示。其中对矿用可移动式人工增氧装置产生的影响主要是射流风机出口的风速。

表 9-1　金属矿山矿井通风系统的允许风速

地点	掘进岩巷	风桥	无轨平硐	进回风巷	电机车架设备
最高允许风速/$(m \cdot s^{-1})$	4.0	10.0	10.0	8.0	8.0
最低允许风速/$(m \cdot s^{-1})$	0.15	0.25	1.00	—	1.00

金属矿井湿球温度为 20~25 ℃ 时，通风运行设备供风量应高于 4 $m^3/(min \cdot kW^{-1})$；通风供氧最低允许风速为 0.25 m/s，但一般不低于 1.0 m/s；最高允许风速一般不应高于 10.0 m/s。允许风速计算公式如下：

$$v = \frac{2RS^3 - 2\alpha_0 lc}{\varepsilon \rho S} \quad (9-11)$$

式中：α_0 为巷道的摩擦阻力系数，kg/m^3；l 为巷道的长度，m；c 为巷道的断面周长，m；S 为巷道的断面面积，m^2；R 为巷道的等效半径，m；ε 为紊流脉动能的耗散率，%；ρ 为流经巷道的气体密度，kg/m^3；v 为人工增氧装置风机出口风速，m/s。

按照允许风速计算公式和允许风速可获得人工增氧装置射流风机出口的

风速范围，结合射流风机实际可调控的风速范围，考虑风机出口的风速为 1.0~10.0 m/s。

（2）射流风机出口与壁面的间距。

若射流风机出口位置贴紧巷道壁面，由于风机出口的气流雷诺数较大，一般以紊流的状态在矿井内流动扩散，称为矿井受限紊流状态射流。所以风机出口位置不宜设置在紧靠巷道壁面的位置。选用的射流风机出口直径为 0.4 m，以风机出口断面的中心位置为测量起点，分别设置了两种情况，如图 9-6 所示。

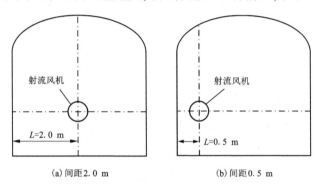

(a) 间距2.0 m　　　　　　　(b) 间距0.5 m

图 9-6　射流风机出口与巷道壁面的间距

图 9-6 中圆圈表示射流风机出口断面，L 表示射流风机出口与巷道壁面的间距，其中图 9-6(a) 表示间距为 2.0 m，图 9-6(b) 表示间距为 0.5 m。考虑射流风机出口形成的矿井受限紊流状态射流，随着射流气流向前运动，由于气流与周边静态空气相互作用的影响，使得原来空气的平衡状态遭到破坏，形成作业面的内部漩涡问题，因此一般要求风机与矿井巷道壁面的安全距离应大于 0.3 m。

（3）射流风机出口的高度。

金属矿山安全规程中要求行人的有轨运输平硐设置高度应高于人行道 1.9 m，人行道宽度应大于等于 0.8 m，通风设备、车辆高度不超过 1.7 m。结合呼吸带供氧需求，将射流风机出口的高度设置为两种情况，如图 9-7 所示。

图 9-7 中圆圈表示射流风机出口断面，H 表示射流风机出口距离巷道地面的高度。根据人体呼吸带高度范围和射流风机出口的高度调节范围，射流风机出口的高度设置为 1.5 m 和 2.0 m。

根据矿用可移动式人工增氧装置射流风机出口的风速、射流风机出口与壁面的间距和射流风机出口的高度等主要参数的调节范围，考虑云南普朗铜矿的具体应用场景，通过对比分析和参数优选，为后续人工增氧装置优化设计、场景应用参数优化提供基础数据。

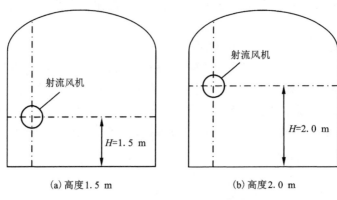

(a) 高度1.5 m   (b) 高度2.0 m

图 9-7　射流风机出口的高度

9.3　射流式人工增氧氧气扩散规律模拟研究

　　为了研究高海拔地区金属矿山作业面射流式人工增氧方式中氧气的扩散规律，本研究构建了相应的射流风机氧气运移规律的仿真数值模型，如图 9-8 所示。

　　采用控制变量法对主要影响参数进行对比分析，为了考虑不同参数设置对模拟结果的影响，开展了初步的对比分析和网格独立性检验。如图 9-8(b) 所示，模拟结果能够满足本研究的需求，可为开展矿井局部作业面人工增氧工作的安全、高效和经济性提供理论基础与优化方案。

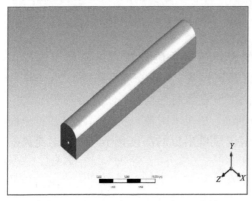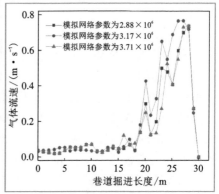

(a) 仿真数值模型   (b) 不同参数设置模拟检验

图 9-8　仿真数值模型与参数设置分析

9.3.1　射流风机出口的风速影响规律

在其他模拟参数不变的条件下,改变射流风机出口的风速来开展对比模拟研究。选取射流风机出口风速为 3.0 m/s、5.0 m/s 和 7.0 m/s,其中风机出口断面直径为 0.4 m,风机出口中心距离地面高度为 1.5 m、距离巷道壁面 0.5 m,风机出口射流方向水平向上倾斜 10°。

1. 出口风速为 3.0 m/s 时的模拟结果

本书采用瞬态方式模拟了射流风机的氧气在模拟巷道内的扩散规律,仿真模拟云图和数据分析结果如图 9-9~图 9-16 所示。

(1)当模拟运行时间为 0 s 时,模拟区域处于初始状态。模拟云图如图 9-9 所示,图为 X 轴、Z 轴截面,其截面高度为 1.5 m。

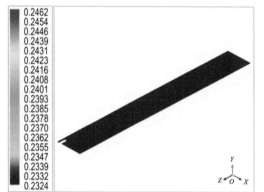 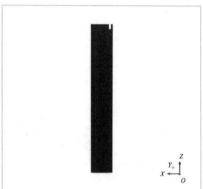

图 9-9　仿真模拟运行时间为 0 s、风速为 3 m/s 时的扩散云图

(2)当模拟运行时间为 5 s 时,氧气运移扩散到 6.4 m 处。图 9-10(a)中垂直截面位置即为氧气扩散水平距离。图 9-10(b)是不同作业面距离、不同呼吸带高度时的氧气质量分数。

(3)当仿真模拟运行时间为 10 s 时,氧气运移扩散到 10.5 m 处。图 9-11 (a)中垂直截面位置即为氧气扩散水平距离,图 9-11(b)是不同作业面距离、不同呼吸带高度时的氧气质量分数。由图 9-11(b)可知,当呼吸带高度为 1.5 m 时的氧气质量分数最高,扩散速度最快,在距离风机出口 10 m 内的氧气质量分数为 24.63%,达到预期 24.30% 的人工增氧目标;在呼吸带高度 1.4 m 处,

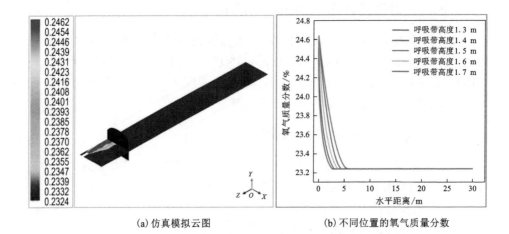

(a) 仿真模拟云图　　　　　　　　　(b) 不同位置的氧气质量分数

图 9-10　仿真模拟运行时间为 5 s、风速为 3 m/s 时的情况

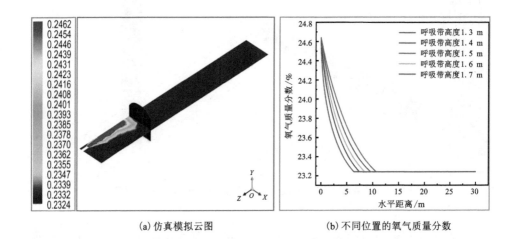

(a) 仿真模拟云图　　　　　　　　　(b) 不同位置的氧气质量分数

图 9-11　仿真模拟运行时间为 10 s、风速为 3 m/s 时的情况

距离风机出口 9.7 m 内的氧气质量分数增加 6.0%以上，距离风机出口 10.5 m 内的氧气质量分数为 24.40%。

（4）当仿真模拟运行时间为 15 s 时，氧气运移扩散到 12.0 m 处。图 9-12 (a)中垂直截面位置即为氧气扩散水平距离，图 9-12(b)是不同作业面距离、不同呼吸带高度时的氧气质量分数。由图 9-12(b)可知，随着仿真模拟时间的增加，各个呼吸带高度的氧气质量分数增加趋势相近。当呼吸带高度为 1.7 m 时，氧气质量分数最低，为 23.91%，没有达到预期增氧效果。

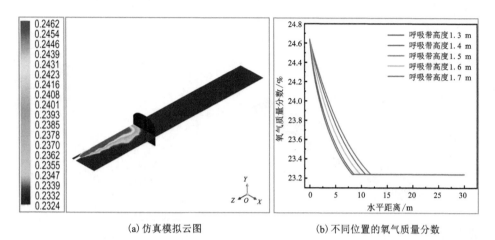

(a) 仿真模拟云图　　　　　　　(b) 不同位置的氧气质量分数

图 9-12　仿真模拟运行时间为 15 s、风速为 3 m/s 时的情况

图 9-12 所示的云图分布规律、不同呼吸带高度的氧气质量分数的变化曲线基本同前。

（5）当仿真模拟运行时间为 30 s 时，氧气运移扩散到 15.0 m 处，如图 9-13 所示。

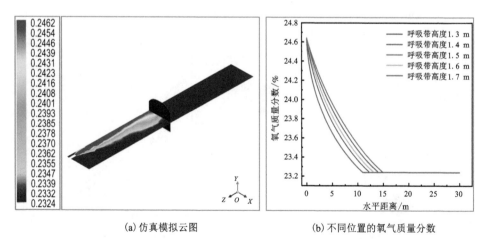

(a) 仿真模拟云图　　　　　　　(b) 不同位置的氧气质量分数

图 9-13　仿真模拟运行时间为 30 s、风速为 3 m/s 时的情况

图 9-13 所示的云图分布规律、不同呼吸带高度的氧气质量分数的变化曲线基本同前。

(6)当仿真模拟运行时间为 50 s 时,氧气运移扩散到 18.3 m 处,如图 9-14 所示。

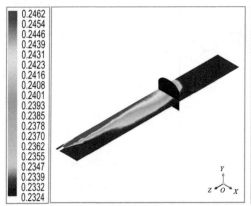

(a) 仿真模拟云图

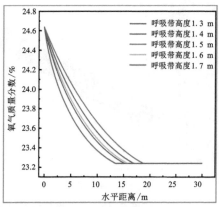

(b) 不同位置的氧气质量分数

图 9-14   仿真模拟运行时间为 50 s、风速为 3 m/s 时的情况

图 9-14 所示的云图分布规律、不同呼吸带高度的氧气质量分数的变化曲线基本同前。

(7)当仿真模拟运行时间为 100 s 时,氧气运移扩散到 25.5 m 处,如图 9-15 所示。

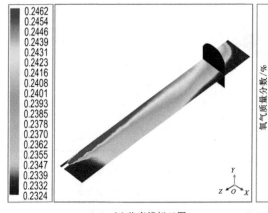

(a) 仿真模拟云图

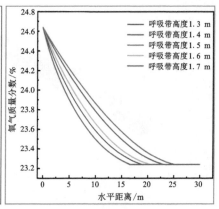

(b) 不同位置的氧气质量分数

图 9-15   仿真模拟运行时间为 100 s、风速为 3 m/s 时的情况

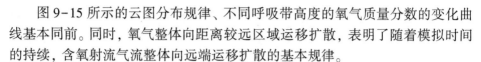

图 9-15 所示的云图分布规律、不同呼吸带高度的氧气质量分数的变化曲线基本同前。同时，氧气整体向距离较远区域运移扩散，表明了随着模拟时间的持续，含氧射流气流整体向远端运移扩散的基本规律。

(8) 当仿真模拟运行时间大约为 140 s 时，氧气运移扩散至整个模拟区域，运移扩散距离超过模拟全长 30 m，如图 9-16 所示。由图 9-16(b) 可知，由于射流风机出口风速为 3 m/s，射流气流的动能带动范围为风机出口 7.5 m 以内。当超过 7.5 m 时，氧气运移扩散速率明显降低，由气流动能带动转为以空气扩散为主的模式。在呼吸带高度为 1.5 m 时的氧气扩散速度最快，且氧气质量分数达到最高值 24.62%；在距离风机出风 25.5 m 时，呼吸带高度为 1.4~1.5 m 时，氧气质量分数最高可达 24.52%。

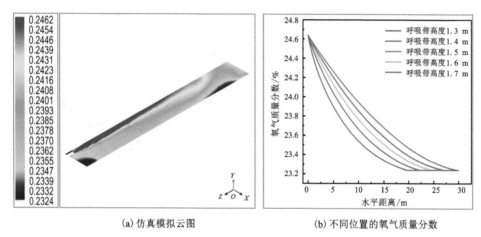

(a) 仿真模拟云图　　　　　　(b) 不同位置的氧气质量分数

图 9-16　仿真模拟运行时间为 140 s、风速为 3 m/s 时的情况

综合分析以上模拟结果可知，对于相同模拟时间而言，呼吸带高度为 1.5 m 的氧气运移扩散距离最远，且 1.5 m 水平面内的氧气质量分数达到最高值 24.62%，超过预期的增氧目标；当呼吸带高度为 1.3 m 时，氧气质量分数为 23.82%；当呼吸带高度为 1.6 m 时，氧气质量分数为 24.17%；当呼吸带高度为 1.4 m 时，氧气质量分数为 24.41%，仅比呼吸带高度为 1.5 m 时的数值低。

2. 出口风速为 5.0 m/s 时的模拟结果

仅改变射流风机出口的风速，设定为 5.0 m/s，其余模拟参数不变，仿真模拟云图和数据分析结果如图 9-17~图 9-24 所示。

（1）当模拟运行时间为 0 s 时，模拟区域处于初始状态。模拟云图如图 9-17 所示，图为 X 轴、Z 轴截面，其截面高度为 1.5 m。

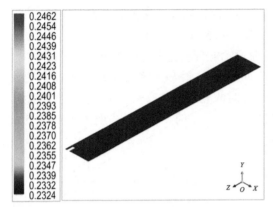

图 9-17　仿真模拟运行时间为 0 s、风速为 3 m/s 时的扩散云图

（2）当模拟运行时间为 5 s 时，氧气运移扩散到 8.5 m 处。图 9-18(a) 以 X 轴、Y 轴建立截面，截面位置高度为 1.5 m，即表示氧气在水平面的运移扩散情况。图 9-18(b) 是不同作业面距离、不同呼吸带高度时的氧气质量分数，水平距离分析了 0~30 m，呼吸带高度分析了 1.3~1.7 m。

由图 9-18(b) 可知，呼吸带高度为 1.5 m 时的氧气质量分数最高、扩散速

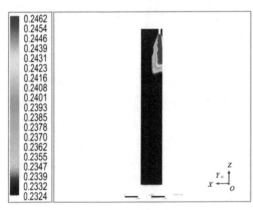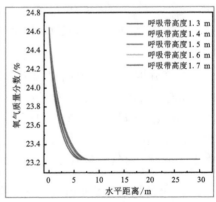

(a) 仿真模拟云图　　　　　　　　　　(b) 不同位置的氧气质量分数

图 9-18　仿真模拟运行时间为 5 s、风速为 5 m/s 时的情况

度最快，在距离风机出口 8.4 m 内的氧气质量分数达到 24.63%，达到预期增氧目标；呼吸带高度为 1.4 m 时，氧气运移扩散到 8.2 m 处，距离风机出口 7.8 m 内氧气质量分数达到预期增氧目标，距离风机出口 8.5 m 内的氧气质量分数为 24.41%。

（3）当仿真模拟运行时间为 10 s 时，氧气运移扩散到 12.3 m 处。图 9-19 所示的云图分布规律、不同呼吸带高度的氧气质量分数的变化曲线基本同前。

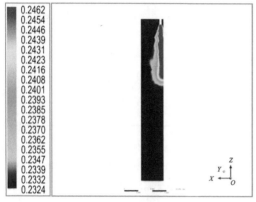

（a）仿真模拟云图　　　　　　　　　（b）不同位置的氧气质量分数

图 9-19　仿真模拟运行时间为 10 s、风速为 5 m/s 时的情况

（4）当仿真模拟运行时间为 15 s 时，氧气运移扩散到 13.6 m 处。如图 9-20 所示，随着仿真模拟时间的持续，各呼吸带高度的平均氧气质量分数增加趋势

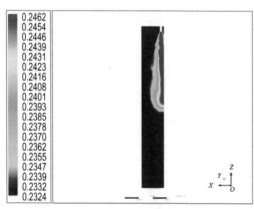

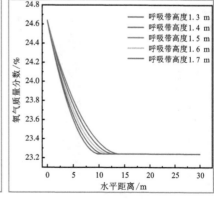

（a）仿真模拟云图　　　　　　　　　（b）不同位置的氧气质量分数

图 9-20　仿真模拟运行时间为 15 s、风速为 5 m/s 时的情况

相近，其中呼吸带高度为 1.7 m 时，氧气质量分数最低，为 23.89%。

（5）当仿真模拟运行时间为 30 s 时，氧气运移扩散到 17.5 m 处。图 9-21 所示的云图分布规律、不同呼吸带高度的氧气质量分数的变化曲线基本同前。

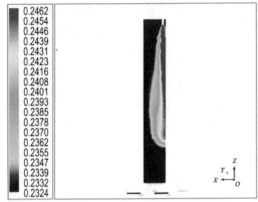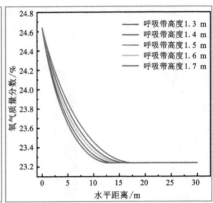

(a) 仿真模拟云图　　　　　　　　　(b) 不同位置的氧气质量分数

图 9-21　仿真模拟运行时间为 30 s、风速为 5 m/s 时的情况

（6）当仿真模拟运行时间为 50 s 时，氧气运移扩散到 21.5 m 处，如图 9-22 所示。由图 9-22(b) 可知，在距离风机出口 21.4 m 内的氧气质量分数达到 24.62%；在相同距离范围内，呼吸带高度在 1.4~1.5 m 时的氧气质量分数最高，增氧效果最优。

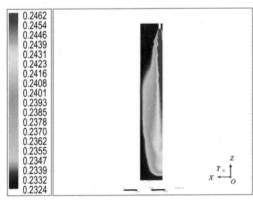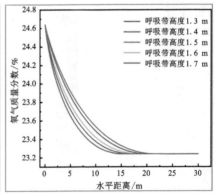

(a) 仿真模拟云图　　　　　　　　　(b) 不同位置的氧气质量分数

图 9-22　仿真模拟运行时间为 50 s、风速为 5 m/s 时的情况

（7）当仿真模拟运行时间为 100 s 时，氧气运移扩散到 29.0 m 处。图 9-23 所示的云图分布规律、不同呼吸带高度的氧气质量分数的变化曲线基本同前。

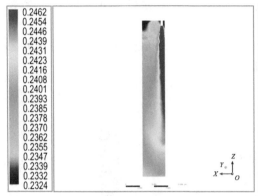

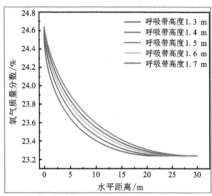

（a）仿真模拟云图　　　　　　　（b）不同位置的氧气质量分数

图 9-23　仿真模拟运行时间为 100 s、风速为 5 m/s 时的情况

（8）当仿真模拟运行时间为 108 s 时，氧气运移扩散至整个模拟区域，运移扩散距离超过模拟全长 30 m，如图 9-24 所示。

由图 9-24（b）可知，对于相同模拟时间而言，呼吸带高度为 1.5 m 的氧气运移扩散距离最远，且 1.5 m 水平面内的氧气质量分数达到最高值 24.63%；当高度为 1.3 m 时，其氧气质量分数为 23.79%；当呼吸带高度为 1.6 m 时，其氧气质量分数为 24.21%；当呼吸带高度为 1.4 m 时，其氧气质量分数为 24.32%。整体而言，1.4~1.5 m 呼吸带的平均氧气质量分数最高，增氧效果最优。

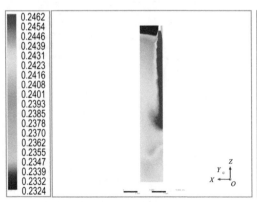

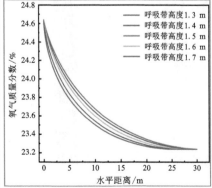

（a）仿真模拟云图　　　　　　　（b）不同位置的氧气质量分数

图 9-24　仿真模拟运行时间为 108 s、风速为 5 m/s 时的情况

3. 出口风速为7.0 m/s时的模拟结果

仅改变射流风机出口的风速,设定为7.0 m/s,其余模拟参数不变,仿真模拟云图和数据分析结果如图9-25～图9-32所示。

(1)当模拟运行时间为0 s时,模拟区域处于初始状态。模拟云图如图9-25所示,图为X轴、Z轴截面,其截面高度为1.5 m。

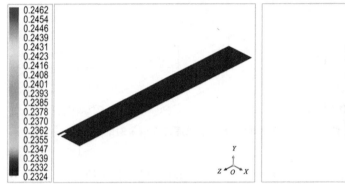

图9-25 仿真模拟运行时间为0 s、风速为7 m/s时的扩散云图

(2)当模拟运行时间为5 s时,氧气运移扩散到10.6 m处。图9-26(a)以X轴、Y轴建立截面,截面位置高度为1.5 m,表示氧气在水平面的运移扩散情

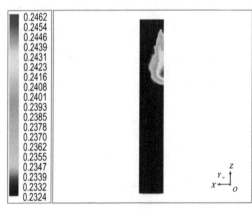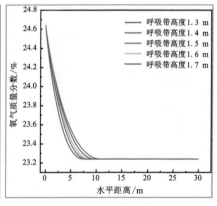

(a)仿真模拟云图　　　　　(b)不同位置的氧气质量分数

图9-26 仿真模拟运行时间为5 s、风速为7 m/s时的情况

况；图 9-26(b)是不同作业面距离、不同呼吸带高度时的氧气质量分数，水平距离分析了 0~30 m，呼吸带高度分析了 1.3~1.7 m。

（3）当仿真模拟运行时间为 10 s 时，氧气运移扩散到 14.1 m 处，如图 9-27 所示。

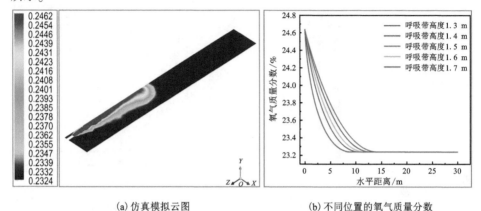

(a) 仿真模拟云图　　　　　　　(b) 不同位置的氧气质量分数

图 9-27　仿真模拟运行时间为 10 s、风速为 7 m/s 时的情况

（4）由图 9-27(b)可知，呼吸带高度 1.5 m 时的氧气质量分数最高、扩散速度最快，在距离风机出口 13.9 m 内的氧气质量分数为 24.62%，达到预期增氧效果；当呼吸带高度为 1.4 m 时，氧气运移扩散到 13.1 m 处，氧气质量分数为 24.29%，达到预期增氧效果。

（5）当仿真模拟运行时间为 15 s 时，氧气扩散到 15.4 m 处。图 9-28 所示的云图分布规律、不同呼吸带高度的氧气质量分数的变化曲线基本同前。

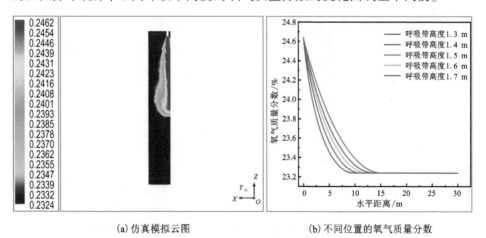

(a) 仿真模拟云图　　　　　　　(b) 不同位置的氧气质量分数

图 9-28　仿真模拟运行时间为 15 s、风速为 7 m/s 时的情况

（6）当仿真模拟运行时间为 20 s 时，氧气扩散到 16.8 m 处。图 9-29 所示的云图分布规律、不同呼吸带高度的氧气质量分数的变化曲线基本同前。

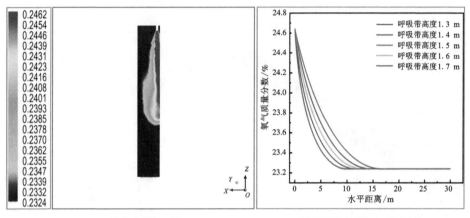

(a) 仿真模拟云图　　　　　　　　(b) 不同位置的氧气质量分数

图 9-29　仿真模拟运行时间为 20 s、风速为 7 m/s 时的情况

（7）当仿真模拟运行时间为 30 s 时，氧气扩散到 20.1 m 处，如图 9-30 所示。

由图 9-30(b) 可知，距离射流风机出口 18.9 m 的平均氧气质量分数为 24.62%。在相同距离范围内，1.4~1.5 m 呼吸带高度时的氧气质量分数最高，可达 24.49%，能够满足作业人员的供氧需求。

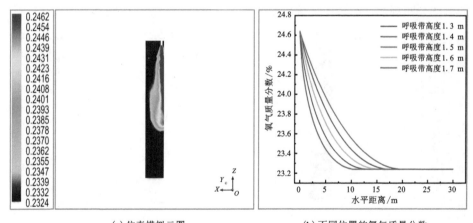

(a) 仿真模拟云图　　　　　　　　(b) 不同位置的氧气质量分数

图 9-30　仿真模拟运行时间为 30 s、风速为 7 m/s 时的情况

（8）当仿真模拟运行时间为 50 s 时，氧气扩散到 24.7 m 处。图 9-31 所示的云图分布规律、不同呼吸带高度的氧气质量分数的变化曲线基本同前。

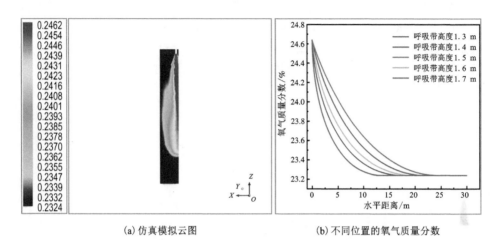

(a) 仿真模拟云图　　　　　(b) 不同位置的氧气质量分数

图 9-31　仿真模拟运行时间为 50 s、风速为 7 m/s 时的情况

（9）当仿真模拟运行时间为 85 s 时，氧气运移扩散至整个模拟区域，运移扩散距离超过模拟全长 30 m，如图 9-32 所示。

由图 9-32(b)可知，当射流风机出口风速设定为 7 m/s 时，气流的动能得到了明显提升，在风机出口 16.5 m 内表现出运移扩散速度显著加快。主要是由

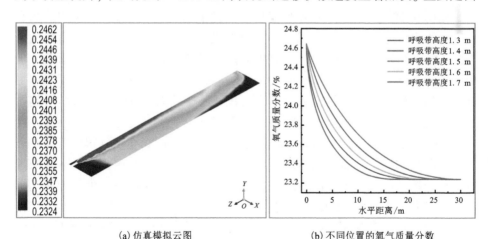

(a) 仿真模拟云图　　　　　(b) 不同位置的氧气质量分数

图 9-32　仿真模拟运行时间为 85 s、风速为 7 m/s 时的情况

气流的动能带动,表现为气流以运移为主的扩散模式。当距离风机出口超过17 m时,氧气扩散模式变为以空气自然扩散为主。

整体而言,与设定的其他出口风速相同,在呼吸带高度1.5 m内氧气运移扩散最快、质量分数最高,可达24.63%。在1.4~1.5 m呼吸带高度时,氧气质量分数达到24.51%,可实现预期的增氧目标。整理现有不同风机出口风速的模拟结果数据,可获得不同风速条件下氧气随时间运移扩散的变化曲线,如图9-33所示。

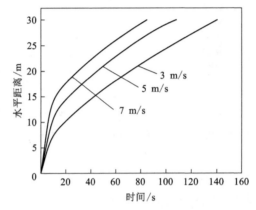

图9-33 不同风速条件下氧气随时间的运移扩散曲线

由图9-33可以看出,射流风机出口风速能起到带动作用,其影响的水平距离约为出口风速的2.5倍。例如,当风速为3 m/s时,射流带动作用范围为7.5 m内;当风速为5 m/s时,主要带动作用范围在12.5 m内。整体而言,出口风速为3 m/s、5 m/s、7 m/s时,氧气的运移扩散趋势基本一致。出口风速主要影响的是初始阶段的射流带动作用范围,风速越大,初始的带动作用越明显。当风速动能的带动作用减弱,后续氧气的运移扩散变化趋势都差不多。此外,由图9-33可知,风机出口中心高度设定为1.6 m。由于氧气密度略大于空气,在重力作用下具有向下扩散的运移趋势。因此呼吸带高度为1.5 m处的氧气质量分数通常要高于其他高度时的情况,且在1.5 m呼吸带高度处的氧气向前扩散距离也大于其他高度的情况。据此可以认为,进行人工增氧通风时,风机出口中心高度应略高于呼吸带区域。对比几组不同出口风速情况来看,当风速设定为5 m/s时,作业面的综合增氧效果最好,即能保证作业面区域内的氧气质量分数达到预期目标;同时作业面的空气交换率比较适中,有利于所供给的氧气得到比较充分的利用,实现较好的经济性。

9.3.2 射流风机出口与壁面间距影响规律

将矿用可移动式人工增氧装置射流风机出口风速设定为 3.0 m/s，仿真模拟了 3 种不同射流风机出口位置的情况，如图 9-34 所示。

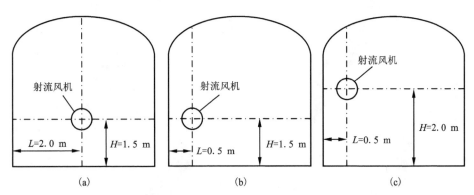

(a)   (b)   (c)

图 9-34　射流风机出口与壁面间距位置关系

（1）射流风机出口距离壁面 2.0 m。

图 9-34 中圆形表示射流风机出口截面，直径为 0.4 m，风机出口距离地面高度 1.5 m 和 2.0 m，距离巷道左侧壁面间距为 2.0 m 和 0.5 m。

射流风机出口距离壁面 2.0 m 时的情况，如图 9-34(a)所示。其他模拟通风参数条件相同的情况下，各个时刻在呼吸带高度 1.5 m 水平面的氧气扩散情况如图 9-35 所示。

从图 9-35 可以看出，当射流风机出口位于模拟区域中间位置时，氧气向模拟区域两侧均匀扩散。根据模拟结果可获得各个时刻的氧气质量分数变化曲线，如图 9-36 所示。

由图 9-36 可知，运行 5 s 时，呼吸带高度 1.5 m 内的平均氧气质量分数为23.45%；模拟运行时间为 10 s 时，呼吸带高度 1.5 m 内的平均氧气质量分数为23.69%；模拟运行时间为 20 s 时，呼吸带高度 1.5 m 内的平均氧气质量分数为23.94%；模拟运行时间为 50 s 时，呼吸带高度 1.5 m 内的平均氧气质量分数为24.19%；模拟运行时间为 100 s 时，呼吸带高度 1.5 m 内的平均氧气质量分数为 24.40%；当持续模拟运行 190 s 时，呼吸带高度 1.5 m 内的平均氧气质量分数达到 24.61%，氧气基本扩散至整个模拟区域。

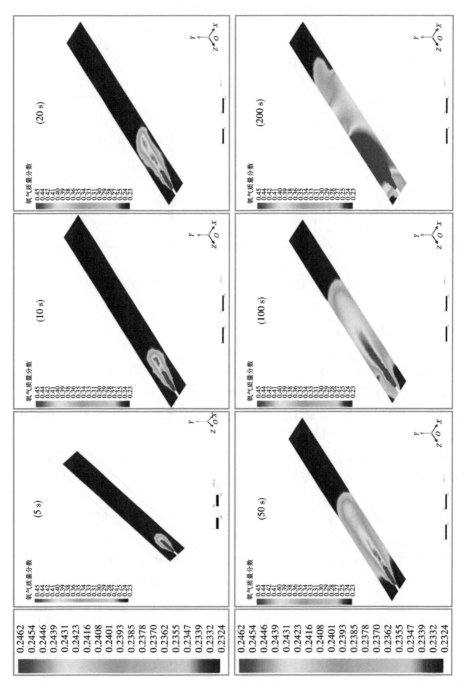

图9-35 射流风机出口距离壁面2.0 m时的模拟云图

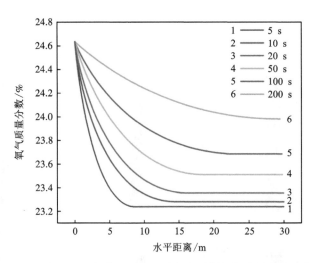

图 9-36　风机出口距离壁面 2.0 m 时各个时刻氧气质量分数分布曲线

(2)射流风机出口距离壁面 0.5 m,呼吸带高度 1.5 m。

射流风机出口距离壁面 0.5 m 时的情况,如图 9-34(b)所示。其他模拟通风参数条件相同情况下,各个时刻在呼吸带高度 1.5 m 水平面的氧气扩散情况如图 9-37 所示。

从图 9-37 模拟结果可知,射流风机出口靠近壁面一侧的氧气扩散现象比较明显。要注意在紧靠壁面处的氧气质量分数相对较低,出现射流出口较近区域的氧气供给不足的问题。这主要是由巷道壁面摩擦阻力导致的结果。与图 9-35 对比可知,在相同时刻氧气向前扩散的距离略大,整个模拟区域内扩散不够均匀,氧气扩散面积约占模拟空间总面积的 2/3。根据模拟结果可获得各个时刻的氧气质量分数变化曲线,如图 9-38 所示。

从图 9-38 的曲线变化可知,在模拟时间为 5 s 时,呼吸带高度 1.5 m 内的平均氧气质量分数为 23.32%;在模拟时间为 10 s 时,呼吸带高度 1.5 m 内的平均氧气质量分数为 23.58%;在模拟时间为 20 s 时,呼吸带高度 1.5 m 内的平均氧气质量分数为 23.81%;在模拟时间为 50 s 时,呼吸带高度 1.5 m 内的平均氧气质量分数为 24.07%;在模拟时间为 100 s 时,呼吸带高度 1.5 m 内平均氧气质量分数为 24.26%;当持续模拟运行 210 s 时,呼吸带高度 1.5 m 内的平均氧气质量分数达到 24.61%,此时氧气基本完全扩散至整个模拟区域。与壁面距离 2.0 m 情况对比可知,需要多花约 20 s 才能达到预期增氧目标。

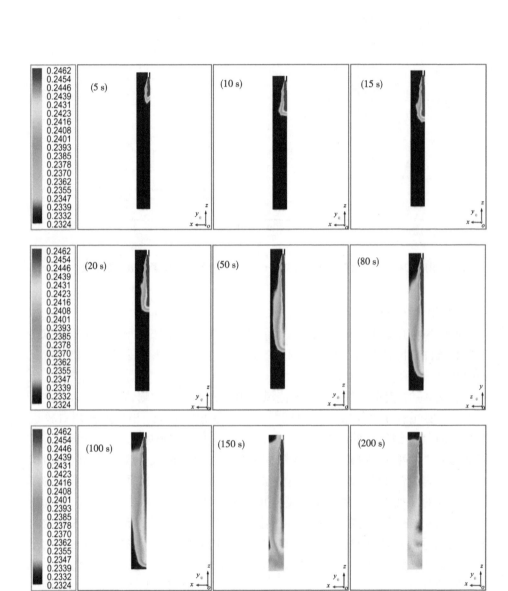

图 9-37　射流风机出口距离壁面 0.5 m，呼吸带高度为 1.5 m 的模拟云图

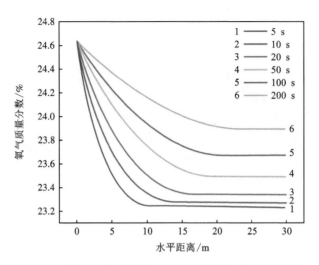

**图9-38　风机出口距离壁面0.5 m，呼吸带高度为1.5 m时
各个时刻氧气质量分数分布曲线**

（3）射流风机出口距离壁面0.5 m，呼吸带高度2.0 m。

射流风机出口距离壁面0.5 m时的情况，如图9-34(c)所示。其他模拟通风参数条件相同情况下，各个时刻在呼吸带高度2.0 m水平面的氧气扩散情况如图9-39所示。

与图9-35和图9-37对比可知，当风机出口靠近壁面时，氧气扩散明显向出口一侧集中，运行时间接近100 s时才有氧气扩散至模拟区域的另一侧区域；同时在距离风机出口3 m左右出现氧气未扩散区域，扩散效果明显不佳。当风机出口在模拟区域中间时，氧气向两侧均匀扩散，向前扩散速率慢于风机出口靠近壁面的向前扩散速率。运行时间为20 s时，图9-35的氧气向前扩散距离为10.5 m，图9-37与图9-39的向前扩散距离为13.6 m，相差3.1 m。随着时间的增加，氧气向前扩散距离的差距逐渐变大，富氧区域向前扩散过程中由于受到阻力作用，出现断层现象。根据模拟结果可获得各个时刻的氧气质量分数变化曲线，如图9-40所示。

综上所述，对比模拟结果表明：矿用可移动式人工增氧装置靠近模拟区域的中间位置时整个模拟区域内的氧气扩散更均匀。其中增氧装置位于中间位置、风机出口中心距离地面高度1.5 m时，综合人工增氧效果相对最好；持续运行190 s后，呼吸带区域的平均氧气质量分数可达24.61%，符合预期的人工增氧目标。

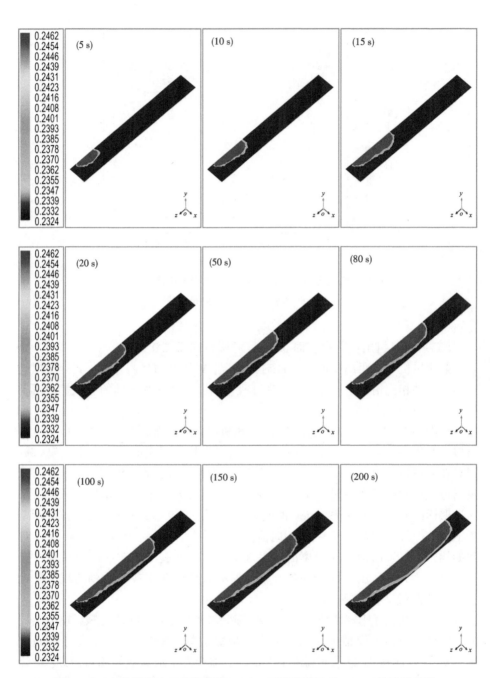

图 9-39 射流风机出口距离壁面 0.5 m，呼吸带高度为 2.0 m 的模拟云图

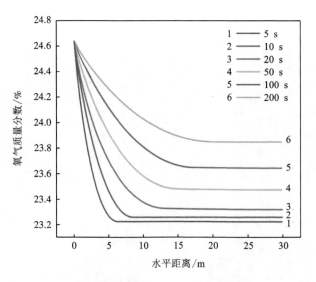

1	——	5 s
2	——	10 s
3	——	20 s
4	——	50 s
5	——	100 s
6	——	200 s

图 9-40　风机出口距离壁面 0.5 m，呼吸带高度为 2.0 m 时
各个时刻氧气质量分数分布曲线

9.3.3　射流风机出口高度的影响规律

根据第 9.3.1 小节和第 9.3.2 小节的模拟结果，将射流风机出口风速设定为 5 m/s，并改变射流风机出口距离地面的高度来研究矿用可移动式人工增氧装置的氧气扩散规律。考虑矿井的设备运行和人员出入方便，将矿用可移动式人工增氧装置设置在靠近巷道壁面 0.5 m 位置。

在改变射流风机出口距离地面的高度，其他参数不变的条件下，模拟研究了 1.2～2.0 m 9 个不同风机出口高度的情况。考虑呼吸带高度和篇幅的限制，本书重点选取其中的 1.4～1.6 m 高度来分析，具体为 1.4 m、1.5 m 和 1.6 m。

1. 风机出口高度 1.4 m

仿真模拟参数与位置关系参考图 9-34，其中设置的内机出口与壁面距离 L 为 0.5 m，风机出口距离地面高度 H 为 1.4 m。选取与作业面不同距离的截面作为分析对象，模拟云图结果如图 9-41 所示。

风机出口高度 1.4 m，模拟时间 100 s 时，呼吸带高度为 1.2～2.0 m 时的氧气运移扩散结果如图 9-42 所示。

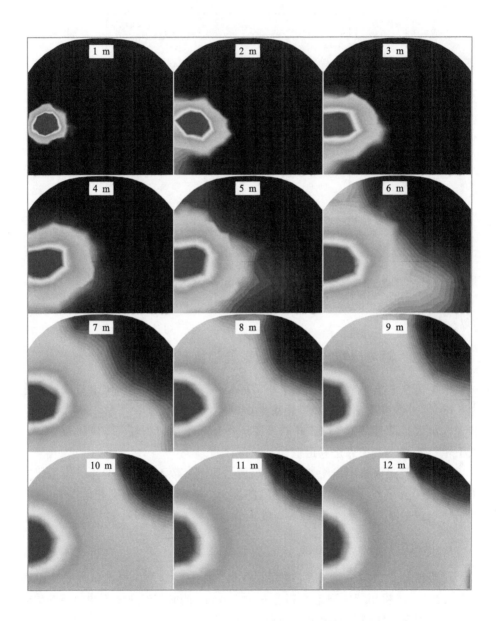

图 9-41 风机出口高度为 1.4 m 时不同距离截面的氧气分布云图

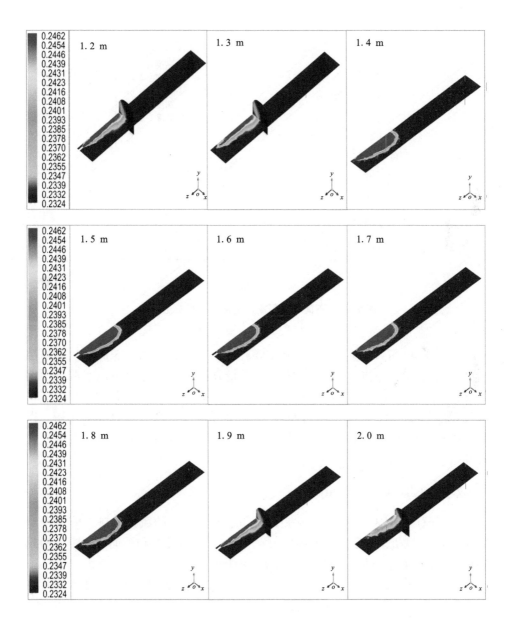

图 9-42　风机出口高度为 1.4 m 时不同呼吸带高度的氧气分布云图

根据模拟结果数据, 可计算获得不同作业面距离的氧气质量分数, 如图 9-43 所示。

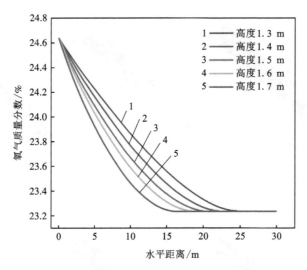

图 9-43 不同呼吸带高度的氧气质量分数曲线

从图 9-43 可知, 仿真模拟时间 100 s, 风机出口高度为 1.3 m 时氧气扩散速度最快, 距离风机出口 25 m 时的氧气质量分数最先达到 24.63%, 符合预期增氧目标要求; 风机出口高度为 1.4 m 时, 水平高度 1.3 m 处单位体积内平均氧气质量分数为 24.32%。整体而言, 由于氧气运移扩散的重力沉降作用, 当风机出口高度为 1.4 m 时, 呼吸带高度为 1.3~1.4 m 时的平均氧气质量分数最高。

2. 风机出口高度 1.5 m

仿真模拟参数与位置关系参考图 9-34, 其中设置的风机出口与壁面距离 L 为 0.5 m, 风机出口距离地面高度 H 为 1.5 m。选取距离作业面不同距离的截面作为分析对象, 模拟云图结果如图 9-44 所示。

风机出口高度 1.5 m, 运行时间为 100 s 时, 呼吸带高度为 1.2~2.0 m 时的氧气运移扩散结果如图 9-45 所示。

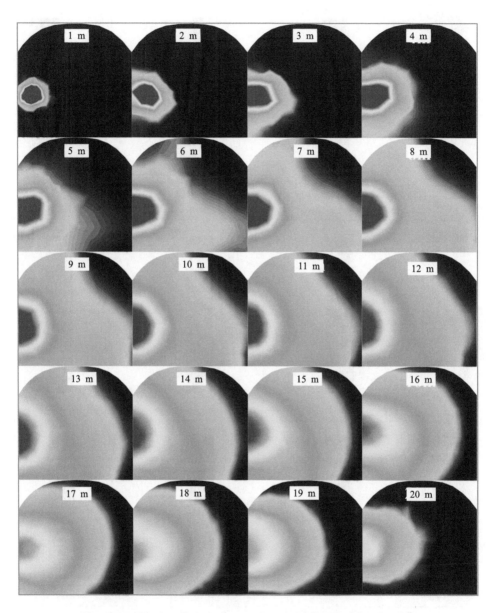

图 9-44　风机出口高度为 1.5 m 时不同距离截面的氧气分布云图

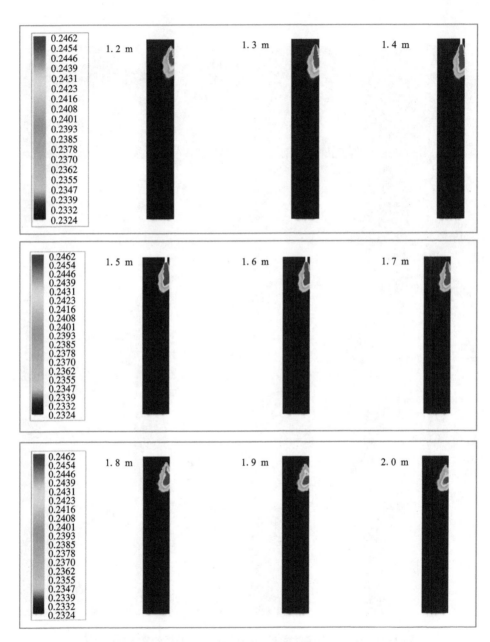

图 9-45　风机出口高度为 1.5 m 时不同呼吸带高度的氧气分布云图

根据模拟结果数据，可计算获得不同作业面距离的氧气质量分数，如图 9-46 所示。

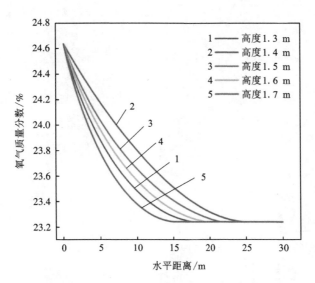

图 9-46　不同呼吸带高度的氧气质量分数曲线

从图 9-46 的曲线变化可知，由于氧气运移扩散的重力沉降作用，当风机出口高度为 1.5 m 时，呼吸带高度为 1.4 m 时的氧气质量分数最高为 24.63%；随着与风机出口距离的增加，氧气质量分数呈现曲线形式下降，增氧氧效果不断减弱。呼吸带高度为 1.3~1.7 m 时，呼吸带高度为 1.6 m 时的氧气质量分数仅为 23.93%，与 1.4 m 时的增氧效果相差较大。呼吸带高度为 1.7 m 时的氧气质量分数为 23.47%，增氧效果最差，因此必须考虑氧气密度对运移扩散的影响。

3. 风机出口高度 1.6 m

仿真模拟参数与位置关系参考图 9-34，其中设置的风机出口与壁面距离 L 为 0.5 m，风机出口距离地面高度 H 为 1.6 m。选取距离作业面不同距离的截面作为分析对象，模拟云图结果如图 9-47 所示。

风机出口高度 1.6 m，模拟时间 100 s 时，呼吸带高度为 1.2~2.0 m 时的氧气运移扩散结果如图 9-48 所示。

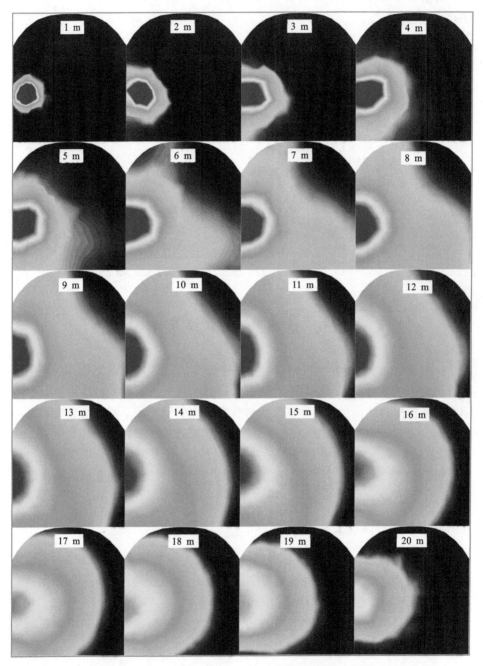

图 9-47　风机出口高度为 1.6 m 时不同距离截面的氧气分布云图

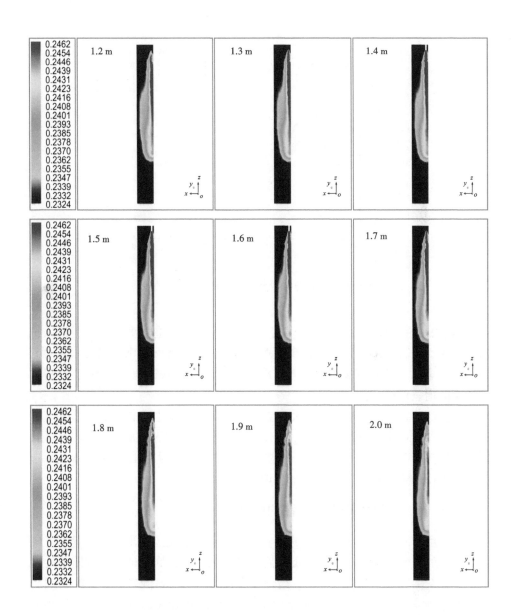

图 9-48　风机出口高度为 1.6 m 时不同呼吸带高度的氧气分布云图

根据模拟结果数据，可计算获得不同作业面距离的氧气质量分数，如图 9-49 所示。

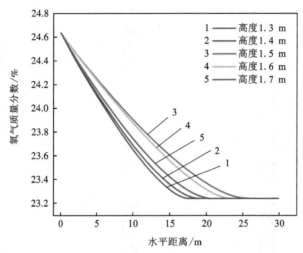

图9-49   不同呼吸带高度的氧气质量分数曲线

从图9-49的曲线变化可知，由于氧气运移扩散的重力沉降作用，当风机出口高度为 1.6 m 时，呼吸带高度为 1.5 m 时的氧气质量分数最高达到25.48%，其次是呼吸带高度为 1.6 m 时的氧气质量分数达到24.41%，能够实现预期的增氧目标。

综上所述，由于氧气密度略大于空气，在运移扩散过程中会出现小幅度的下沉趋势，但总体影响作用有限。若作业人员的呼吸带高度设定在 1.5 m 内，则风机出口高度应略高于 1.5 m。考虑人体的口、鼻位置在 1.3~1.6 m 内，选择风机出口距离地面高度 1.5 m 是合理的。

9.3.4   单位时间供氧质量的影响

矿用可移动式人工增氧装置的增氧效果除了与射流风机出口的风速、射流风机出口的高度和出口与巷道壁面间距等影响因素外，单位时间供氧质量的多少直接关系供氧效果与供氧效率。结合云南普朗铜矿的案例来分析，普朗铜矿的主要作业面海拔高度为 3700 m，空气密度为 0.863 kg/m³，氧气含量为 0.198 kg/m³。按照矿井作业人员中度劳动作业强度的呼吸空气量 40 L/min，氧气消耗量 1.5 L/min 来计算，单位时间的供氧质量为 0.0023~0.0092 kg/s。在控制其他模拟参数不变的情况下，采用瞬态方式模拟了不同供氧质量的变化规律，设定供氧质量为 0.0023 kg/s 和 0.0092 kg/s。

1. 供氧质量为 0. 0023 kg/s

仿真模拟参数与位置关系参考图 9-34，其中设置的射流风机出口与壁面距离 L 为 2. 0 m，风机出口距离地面高度 H 为 1. 6 m，射流风机出口的风速为 6 m/s，供氧质量为 0. 0023 kg/s。不同时刻的氧气分布云图如图 9-50 所示。

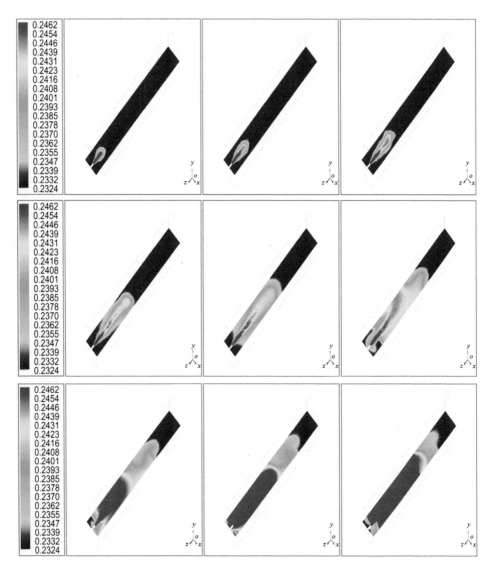

图 9-50　供氧质量为 0. 0023 kg/s 不同时刻的氧气分布云图

从图 9-50 可知，射流风机出口附近区域的氧气快速聚集，距离风机出口的距离越近，氧气浓度增加越快，氧气在水平向前的扩散效率不佳，断层现象比较明显。根据模拟结果数据，可计算获得不同作业面距离的氧气质量分数，如图 9-51 所示。

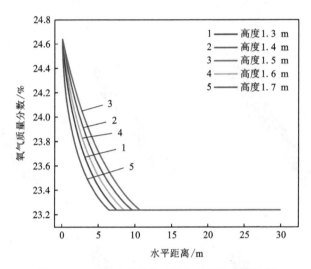

图 9-51　不同呼吸带高度的氧气质量分数曲线

从图 9-51 可知，呼吸带高度为 1.5 m 时的平均氧气浓度最高，氧气扩散速度也最快，在距离风机出口 8.7 m 内的氧气质量分数为 24.63%，达到预期的增氧目标；呼吸带高度为 1.4 m 时，距离风机出口 7.9 m 内的氧气质量分数增加 6.0%，实现了预期目标。在距离风机出口 8.7 m 内时，氧气质量分数仅为 24.16%，增氧效果表现较差。

2. 供氧质量为 0.0092 kg/s

在保持其他模拟参数不变的前提下，改变供氧质量为 0.0092 kg/s。不同时刻的氧气分布云图如图 9-52 所示。

对比两组模拟结果可知，风机出口风速为 6 m/s 时主要对距离风机出口 15.0 m 内的气流产生带动作用。呼吸带高度为 1.6 m 时的氧气质量分数较高，为 24.47%，呼吸带高度为 1.6 m 时的氧气质量分数比呼吸带高度为 1.5 m 时低 0.26%。在此模拟参数设置的基础上，增加了几组供氧质量进行了对比分析，获得的截面的氧气质量分数变化云图，如图 9-53 所示。

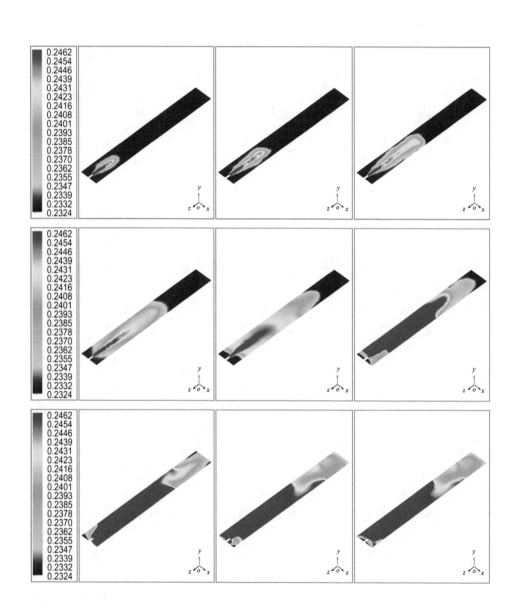

图 9-52　供氧质量为 0.0092 kg/s 不同时刻的氧气分布云图

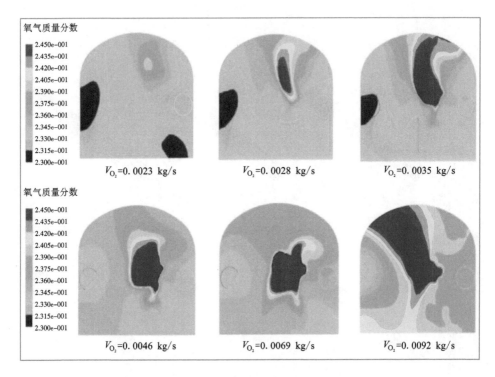

图 9-53　单位时间不同供氧质量的氧气质量分数分布云图

　　根据模拟结果,可计算获得单位时间不同供氧质量与作业面距离之间的氧气质量分数的变化规律,如图 9-54 所示。

　　从图 9-54 可知,相同时间下,呼吸带高度为 1.5 m 时的氧气扩散距离最远、平均氧气浓度最高。呼吸带高度为 1.4 m 时,距离氧气出口 4.9 m 内的氧气质量分数为 24.36%,基本达到预期增氧目标;距离氧气出口 5.6 m 内的氧气质量分数仅为 23.61%,比设定目标 24.63% 低 1.02 个百分点。呼吸带高度为 1.6 m 时,距离氧气出口 4.3 m 内的氧气质量分数为 24.37%,基本达到设定预期目标;在距离氧气出口 5.6 m 内的氧气质量分数仅为 23.53%,比设定目标 24.63% 低 1.10 个百分点。在呼吸带高度为 1.45~1.50 m 时的氧气浓度最高,增氧效果最优,氧气质量分数为 23.86%。当供氧质量为 0.0092 kg/s 时,平均氧气质量分数为 24.62%,达到预期增氧目标。

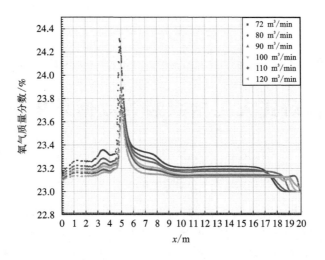

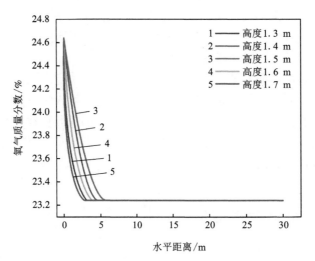

图9-54 不同供氧质量与作业面不同距离时的氧气质量分数变化

第 10 章

矿用可移动式人工增氧装置数据采集系统研制

矿山开采的劳动强度大、作业环境条件相对较差，高海拔缺氧环境极易引起安全生产问题，严重制约矿山正常生产作业。传统的粗放型人工增氧方式存在氧浓度波动比较大，氧气有效利用率比较低，日常管理比较困难等问题。结合金属矿山地下开采的实际情况，矿用可移动式人工增氧装置采用从作业面环境参数实时检测反馈，以及供氧装置根据作业面氧浓度动态调控，实现了人工增氧的安全性、经济性与管理便利性的统一。

本装置通过串口服务器或无线通信模式接收环境传感器监测数据，采用表格、图形、曲线等方式显示在监控显示屏上；系统具备 A/D 和 D/A 转换功能；系统根据环境监测数据，按照设定逻辑程序，动态调控环境保障设备设施的工作状态；系统具有环境参数监测—数据传输—分析与判断—调控指令—机构执行—环境参数监测的闭环控制过程。

10.1 人工增氧装置通信与控制方案

10.1.1 装置控制系统的整体设计方案

本装置主要由环境参数监测传感器（氧气、温湿度）、数据传输模块、计算机控制软件、PLC 控制单元、环境保障设备调控等构成。系统控制过程及数据流程如图 10-1 所示。

本装置的控制逻辑及其过程如下：

（1）系统开始工作前：对各种传感器、仪器仪表的相关参数进行校正与维护，设置对应的数据采集端口，确定相应的参考值（标准值）、警戒值等参数。

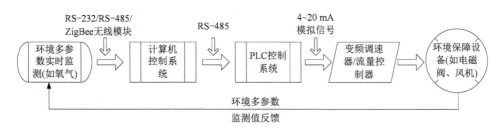

图 10-1　系统控制过程及数据流程

（2）系统监控过程中：打开装置的监测与控制系统软件，选择传感器监控数据的显示模式，比如综合监控、站点监控、单项监控等。

（3）设备自动调控：将各传感器、仪器仪表采集到的环境参数，通过系统软件进行综合运算评估；结合预设值或警戒值进行比对分析，做出调控环境保障设备的方案，并将对应的调控指令传送到 PLC 控制系统；通过 D/A 数模转换，实现对环境保障设备运行状态的自动调控。

（4）历史数据回显：根据事后评估、数据处理等需要，通过调用对应的功能模块，可回显保存于数据库中的历史数据与图表。

本装置控制系统的一个显著特点就是能够根据作业面环境实时监测数据（如氧含量），自主对各种环境保障设备设施运行状态进行自动调控，实现无人值守的自适应控制过程。基本监测与调控过程如图 10-2 所示。

本装置配套开发了对应的监测与智能调控软件，其主要功能结构如图 10-3 所示。

本装置配套的监测与智能调控软件主要由用户管理、站点管理、终端管理、终端监控和窗口样式等部分构成，可以实现多种传感器的增加与删除，设备端口类型的设置，监控数据显示方式的选择，不同操作人员权限设置等功能。

10.1.2　便携一体式数据采集器方案

控制过程中的分析数据都来源于矿井作业面中各类传感器采集的实时参数，计算机系统要采集到外部环境中的各种设备数据，则必须基于计算机系统支持的 I/O 通信接口。计算机系统能支持且广泛在工业自动化设备中得到应用的通信方式主要有：RS-232，RS-485，TCP/IP，无线通信技术，等等。

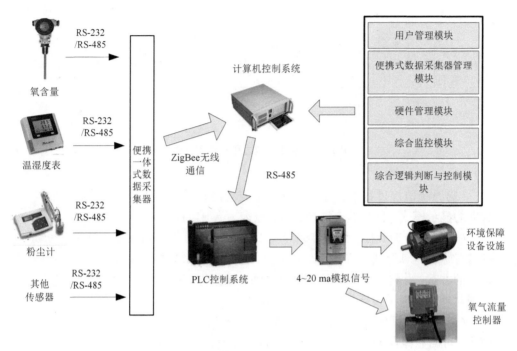

图 10-2　环境参数监测与调控设备的控制过程

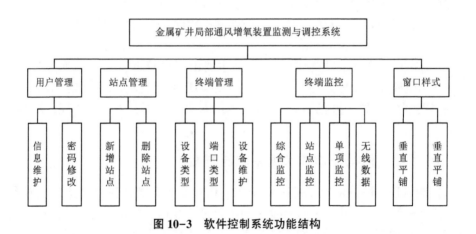

图 10-3　软件控制系统功能结构

　　为准确跟踪作业面的人员，并使特定区域的环境参数符合矿井通风要求，笔者设计开发了有自主知识产权的便携一体式数据采集器。该设备的功能结构图如图 10-4 所示。

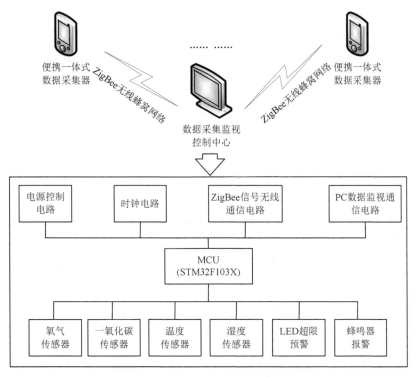

图 10-4 便携一体式数据采集器结构

便携一体式数据采集器采用高性能、低功耗、低成本的 STM32F103X 系列 MCU 为核心，采用贴片工艺，电路主板上高度集成了电源降压转换模块、氧气数据采集模块、一氧化碳数据采集模块、环境温度值采集模块、环境湿度值采集模块、LED 超限预警电路、蜂鸣器报警电路、ZigBee 信号无线通信电路模块、PC 数据监视通信电路等。该设备数据采集器可实现在作业面有效范围内自由布设、实时自动采集各类环境参数并发送给控制服务器的功能。

1. RS-232 通信方式的实现

RS-232 是美国电子工业协会（EIA）制定的串行数据通信的接口标准。在 RS-232 标准中，字符是以串行的比特串一个接一个的串行方式传输，优点是传输线少，配线简单，传送距离较远。在 RS-232 标准中定义了逻辑 1 和逻辑 0 电压级数，以及标准的传输速率和连接器类型。RS-232 规定接近逻辑 0 的电平是无效的，逻辑 1 规定为负电平，有效负电平的信号状态称为传号，它的功能意义为 OFF；逻辑 0 规定为正电平，有效正电平的信号状态称为空号，它的功能意义为 ON，信号大小在正负 3~15 V 之间变化。根据设备供电电源的不同，±5、±10、±12 和 ±15 这样的电平都是可能的。

在计算机系统中，RS-232 串行口以 9 针的串行接头来实现与外部设备的连接，其针脚定义如表 10-1 所示。

表 10-1　RS-232 串行口针脚及功能说明

编号	功能说明	编号	功能说明	编号	功能说明
1	数据载波检测（DCD）	4	数据终端准备（DTR）	7	请求发送（RTS）
2	接收数据（RD、RXD）	5	公共接地	8	清除发送（CTS）
3	发送数据（TD、TXD）	6	数据准备好（DSR）	9	振铃指示（RI）

在实际应用中只需 3 根电缆即可实现设备之间的数据传输。如外部带RS-232 通信接口的温度传感器需要与计算机系统实现通信，可按图 10-5 所示方式通过电缆连接来实现通信功能。

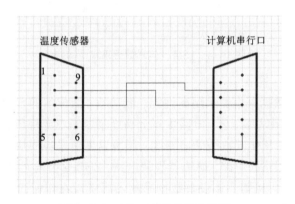

图 10-5　RS-232 通信接口连接

波特率：指从一个设备发到另一个设备每秒钟多少比特 bits（bit/s）。典型的波特率是 300 bit/s、1200 bit/s、2400 bit/s、9600 bit/s、19200 bit/s、115200 bit/s。一般通信两端设备要设为相同的波特率，但有些设备也可以设置为自动检测波特率。奇偶校验（parity）：用来验证数据的正确性。奇偶校验一般不使用，如果使用，那么既可以做奇校验（odd parity）也可以做偶校验（even parity）。

停止位：在每个字节传输之后发送的，用来帮助接收信号方的硬件实现重新同步。在控制系统中只需设置波特率、奇偶校验、停止位这三个参数和外部设备一致，然后依据特定的通信协议，即可实现相互间的数据通信。

2. RS-485 通信方式的实现

RS-485 采用差分信号负逻辑，$-6 \sim -2$ V 表示"0"，$+2 \sim +6$ V 表示"1"，RS-485 有两线制、四线制两种接线方式，目前多采用的两线制总线式拓扑结构在同一总线上最多可以连接 32 个节点。在 RS-485 通信网络中一般采用主从通信方式，即一个主机带多个从机。多数情况下，RS-485 通信链路连接只要用一对双绞线将各个接口的"A"和"B"端连接起来即可实现数据通信。

工控机通常默认只有 RS-232 接口，有两种方法可以实现工控机的 RS-485 通信需求：①通过 RS-232/RS-485 转换电路将工控机的 RS-232 信号转换成 RS-485 信号，对于情况比较复杂的工业环境应选用防浪涌带隔离栅的产品；②采用输出信号为 RS-485 类型的 PCI 扩展卡。本装置使用 PCI 扩展卡方法，选择中国台湾 Moxa 的 NPort 5600 型串口设备联网服务器，可实现最多 32 个外部设备和工控机系统的互联。RS-485 通信网络实现原理如图 10-6 所示。

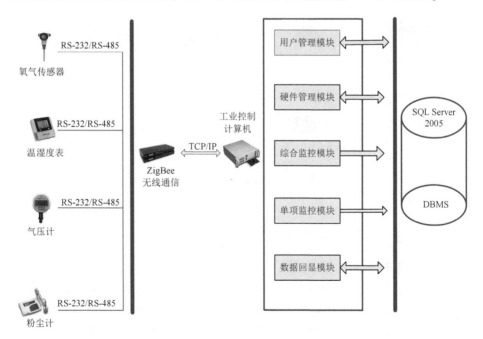

图 10-6 RS-485 通信网络实现

3. 无线通信方式采集数据

ZigBee 是基于 IEEE 802.15.4 标准的低功耗个域网协议，作为一种近距离、低复杂度、低功耗、低速率、低成本的双向无线通信技术，被广泛应用于智能控制领域，主要适用于自动控制和远程控制领域，可以嵌入各种智能设备。它是一种高可靠的无线数传网络，类似于 CDMA 和 GSM 网络，通信距离从标准的 75 m 到几百米、几公里，并且支持无限扩展。ZigBee 可构建一个可达 65000 个无线数传模块的一个无线数传网络平台，在整个网络范围内，每一个 ZigBee 网络数传模块之间可以相互通信，每个网络节点间的距离可以从标准的 100 m 无限扩展。本装置通过 ZigBee 无线通信模块，可远距离地把各种传感器设备的检测数据传送到工控机系统中，如图 10-7 所示。

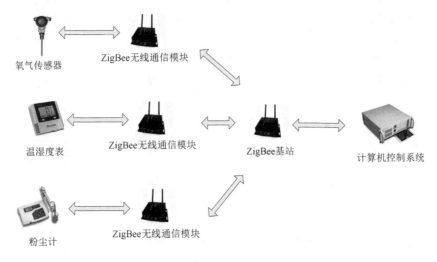

图 10-7　ZigBee 无线通信网络

10.1.3　计算机系统与工业控制系统集成

计算机系统与 PLC 控制系统的集成控制中的一个关键技术是它们直接的双向通信。若整套系统设计采用进口元器件，软件也须采用进口产品。这既不利于控制整套装置的生产与使用成本，也不利于装置的自主可控与持续创新。为此笔者自主开发了计算机系统与 PLC 控制系统的串行通信技术。

从硬件上讲，国内市场使用的 PLC 控制系统多采用 RS-422 或 RS-485 接口，而计算机系统多采用 RS-232 接口。以三菱的 PLC 控制系统为例（包括 FX

系列和 A 系列)，其编程口为 RS-422 格式，根据 PLC 型号的不同又分为 8 针和 25 针座编程口。对于 25 针座编程口，可通过 SC-08 编程电缆将 PLC 编程口与计算机的 RS-232 接口连接，同时须通过一根转换电缆将 PLC 的 8 针座编程口和 25 针座编程口作为编程电缆相连。无论何种情况，一旦将 PLC 用户程序由计算机编程环境传到 PLC 用户程序区，其编程口大多就没有被再利用。因此可利用此编程口来实现计算机系统与 PLC 控制系统的数据通信，将 PLC 的工作状态纳入计算机系统管理。计算机系统与 PLC 控制系统通过电缆的连接方式如图 10-8 所示。

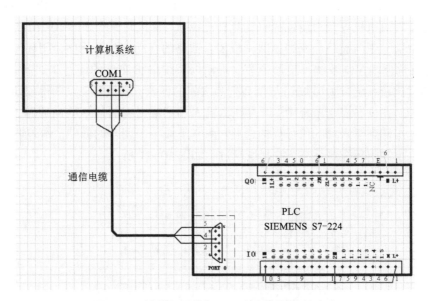

图 10-8 计算机系统与 PLC 控制系统连接方式

　　串行通信是计算机与其他机器之间进行通信的一种常用方法，在 Windows 操作系统中提供了实现各种串行通信的 API 函数。通过 SC-08 编程电缆或 FX232AW 模块，可将计算机系统的串行通信口 RS-232 和 PLC 控制系统的编程口连接，实现计算机对 PLC 的 RAM 区数据进行读、写操作。由于 PLC 本身的特性，可对 PLC 进行以下四类操作：①位元件或字元件状态读操作(CMD0)；②位元件或字元件状态写操作(CMD1)；③位元件强制 ON 操作(CMD7)；④位元件强制 OFF 操作(CMD8)。本装置通过定义专用的串口通信类，从计算机控制系统中实现对 PLC 的上述四类操作，实现了上位机和 PLC 控制系统的数据通信机同步。

10.1.4　控制环境参数自反馈闭环设计

通过计算机系统和 PLC 控制系统的集成控制，实现了上位机和工业控制系统的数据通信及同步。PLC 控制系统同步接收到外部环境中各种传感器的数据变化，同时，计算机系统通过数学模型把外部环境的影响结果同步更新到 PLC 控制系统中，要求 PLC 控制系统根据实时测量值对电机设备进行控制和运行状态调整。如何实现动力设备的自适应调整，现以西门子 S7200 模拟量控制模块来进行举例说明，如图 10-9 所示。

通过 EM 235 模拟量输出模块，外接模拟量控制信号输入的 ABB 变频器，即可实现对电机等动力设备的自动化智能调节。其控制原理如图 10-10 所示。

由信号正向通路和反馈通路构成闭合回路的自动控制系统称为闭环控制系统，又称反馈控制系统。反馈原理，指根据系统输出变化的信息来进行控制，即通过比较系统行为（输出）与期望行为之间的偏差，消除偏差以获得预期的系统性能。在反馈控制系统中，既存在由输入端到输出端的信号前向通路，也包含从输出端到输入端的信号反馈通路，两者组成一个闭合的回路。本装置为典型的自反馈闭环控制系统，控制逻辑过程如图 10-11 所示。

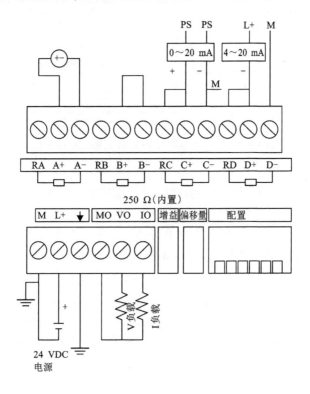

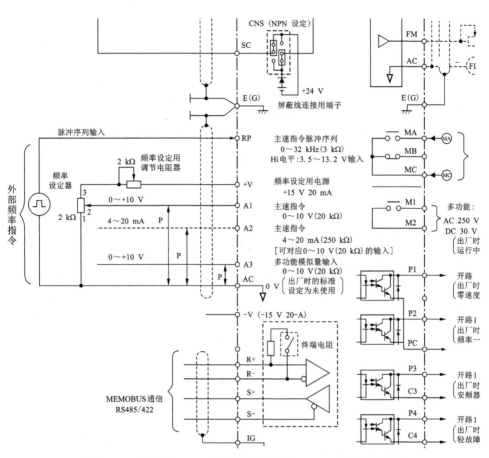

图 10-9　西门子 **S7200** 模拟量控制模块和 **ABB** 变频器模拟量

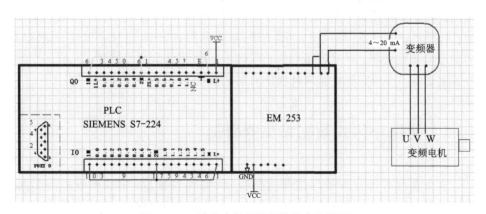

图 10-10　动力电机无极调速的电路原理

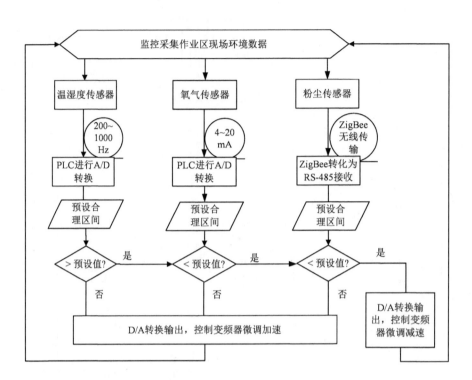

图 10-11 控制系统监测逻辑

本装置中的各种传感器响应外部环境的变化，通过各种通信手段实时把外部环境参数数据传送到计算机系统。计算机系统通过数据模型综合分析外部环境的变化值并评估其对环境的影响，然后同步修正 PLC 控制系统的参数和输出值，以控制动力设备(如风机)。动力设备(如风机)的运行变化将改变一定区域内的环境参数状态，然后环境参数自反馈给各种环境监测传感器，完成一个闭环控制过程，进而实现设备对环境的自动调节功能。

10.2　便携一体式数据采集器研制

为了实现对作业人员周边环境参数(例如氧气浓度)的实时获取与数据传输，根据矿山现场调查分析，矿井作业人员在作业面的有效活动范围多为 200~300 m。若采用固定式的传感器数据采集，由于作业面的不断转换，不能很好地满足对作业人员或设备进行定点式、精准供氧的要求。基于以上综合考虑，笔者独立设计开发了便携一体式数据采集器，采用无线数据传输技术实现数据远距离的发送。其系统功能结构如图 10-12 所示。

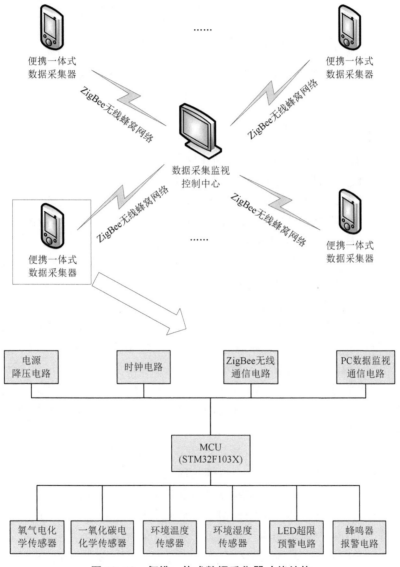

图 10-12　便携一体式数据采集器功能结构

便携一体式数据传感器采用 ZigBee 无线数据模块实现无线数据交换功能，通过 ZigBee 自组网功能可实现在作业区域内形成一个小型无线数据交换网络，采集器组网能力达到上百组，能够满足一般矿井局部作业面对功能和数量的使用需求。通过对矿山作业需求调查，便携一体式数据采集器应具备必要的氧气检测能力，扩展具备环境温湿度检测和有毒有害气体监测功能。

10.2.1　便携一体式数据采集器功能设计

便携一体式数据采集器采用 STM32F103X 系列 MCU 为核心，采用贴片工艺，电路主板集成了电源降压转换模块、传感器数据采集模块、环境温湿度采集模块、超限预警模块、蜂鸣器报警电路无线数据传输模块等，如图 10-13 所示。

（1）电源降压转换模块：把高电压降压转换为能供 STM32F103X 适应的 3.3 V 低电压。电源降压模块原理如图 10-14 所示。

（2）传感器数据采集模块：根据具体应用场景需要选用不同的气体传感器，一般包含氧气、一氧化碳、二氧化硫等，通过 Usart 端口采集环境中的气体浓度值供 MCU 进行处理。传感器原理如图 10-15 所示。

（3）环境温湿度采集模块：处理温度、湿度传感器的模拟信号，采集环境温度、湿度值。温湿度采集原理如图 10-16 所示。

（4）超限预警模块：MCU 根据预定算法处理采集到的监测数据，输出各种信号电路，并将控制结果送达 LED 指示灯。其发光报警原理如图 10-17 所示。

（5）蜂鸣器报警电路：当环境监测各参数超过系统预设限定值时，MCU 输出控制信号，启动蜂鸣器发出报警提示。蜂鸣报警器原理如图 10-18 所示。

（6）无线数据传输模块：MCU 控制 ZigBee 无线通信模块，把环境各监测参数采用无线方式、远程传送到数据采集监视中心。ZigBee 电路原理如图 10-19 所示。

（7）PC 数据监视通信电路：通过该功能可实现直接连接计算机，并监视便携一体式数据采集器的运行状态，方便功能调试和在线测试。

在上述分析便携式一体式数据采集器的基本功能和结构的基础上，根据矿山使用过程中的具体需求，采用预留 2 个传感器接口，以可插拔的方式安设气体传感器。其中一个固定为氧气传感器，另一个可根据现场需要灵活选用。可提供的配套传感器包括一氧化碳、二氧化碳、硫化氢、氮氧化物等类型，采用锂电池供电。在充分调研市场主流传感器、电子元器件的基础上，笔者设计了便携一体式数据采集器的印制电路板，整体尺寸长 85 mm、宽 60 mm，如图 10-20 所示。

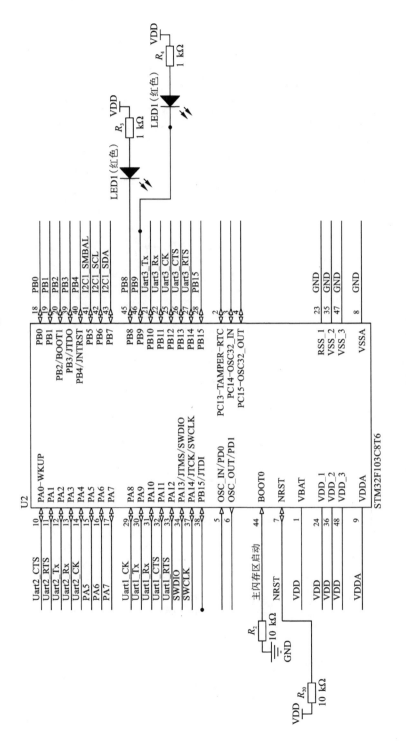

图10-13　控制系统主MCU电路

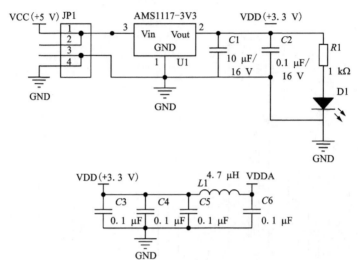

图 10-14　电源降压模块

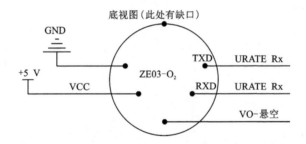

图 10-15　ZE03 型化学传感器

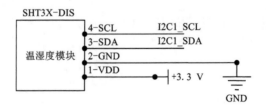

图 10-16　温湿度采集

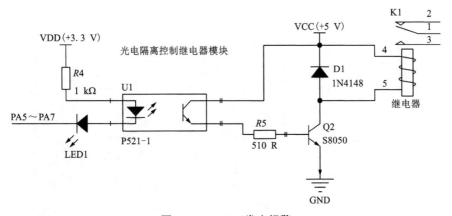

图 10-17　LED 发光报警

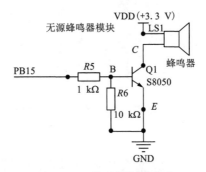

图 10-18　蜂鸣器报警电路

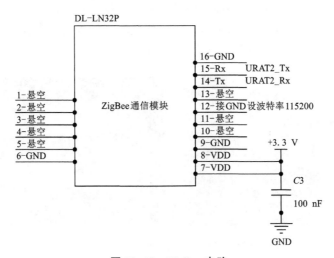

图 10-19　ZigBee 电路

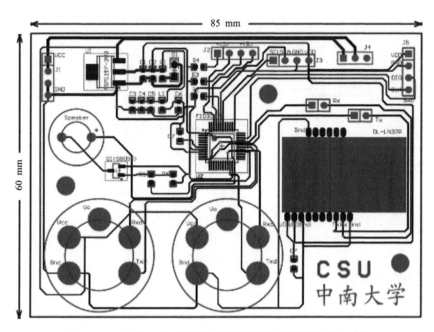

图 10-20　便携一体式数据采集器印制电路板设计(第一版)

10.2.2　便携一体式数据采集器制作与性能测试

在前期设计的基础上，制作了便携一体式数据采集器的测试样机，开展了通信模块功能测试、数据采集测试，以及测试稳定性评估，能够满足矿山实际使用对数据采集和功能性需求，如图 10-21 所示。

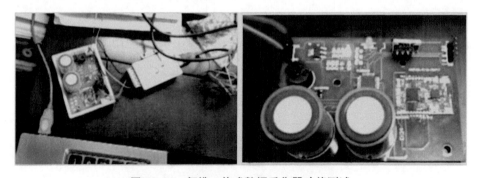

图 10-21　便携一体式数据采集器功能测试

便携一体式数据采集器在完成基本功能测试后，设计制作了配套的传感器外壳。采用通气孔的方式让传感器与周边空气实现交换，采用 3D 打印的方式制作出了实物，并用于便携一体式数据采集器的试验。其平面设计如图 10-22 所示。

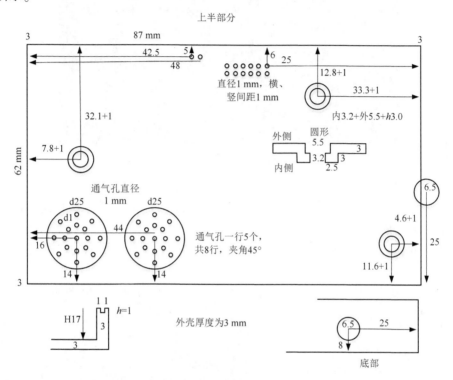

图 10-22　便携一体式数据采集器外壳设计

通过多次优化设计，便携一体式数据采集器的制作完成，并开展了数据监测与传输功能测试。该设备具备质量轻、工作稳定可靠、数据采集反应灵敏、数据实时采集、无线数据传输，直线数据传输距离大于 200 m 等显著特点，实物如图 10-23 所示。

在实际测试过程中发现，实时数据采集对电源要求高。为了增加便携一体式数据采集器的连续工作时间，减轻和减小便携一体式数据采集器的质量和尺寸，在第一版便携一体式数据采集器的基础上做了优化改进工作。主要改进方面包括：采用更小巧、更低耗的 ZigBee 无线数据模块；传感器采用固定方式焊接电路板，降低采集器的高度，减少了传感器因插拔方式可能导致的接触不良等问题；增大了锂电池的电池仓，增加了锂电池的容量，增加了采集器的连续

图 10-23　便携一体式数据采集器实物(第一版)

工作时间;采用双层的电路板设计,缩短了电路板的长度。第二版便携一体式数据采集器的印制电路板如图 10-24 所示,整体尺寸长 54 mm、宽 58 mm。通过照片对比可知,电路板整体布局更紧凑,为锂电池提供了更大的空间。

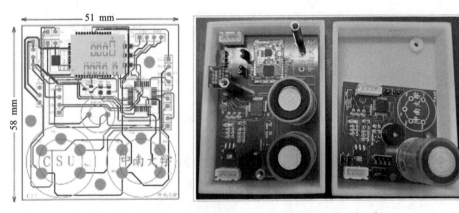

图 10-24　便携一体式数据采集器印制电路板设计(第二版)

对比两版便携一体式数据采集器电路图设计的差异,主要对 ZigBee 无线数据模块进行了更新设计,根据新采用的低功耗、长距离无线数据 ZigBee 模块对电路图做了对应的修改。其引脚分布图和电路接线如图 10-25 所示。

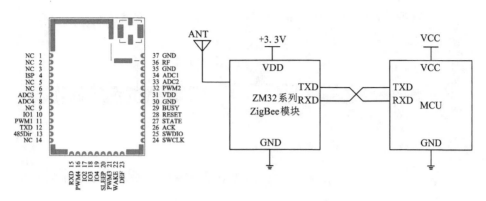

图 10-25 ZigBee 引脚分布图和电路接线

除此之外，还优化了无线数据模块与控制计算机的数据接口模块，有利于稳定、可靠地进行数据交换，保证整个系统的安全性能。计算机端 ZigBee 接收模块和外壳设计如图 10-26 所示。

图 10-26 计算机端 ZigBee 接收模块和外壳设计

根据新设计的便携一体式数据采集器电路板和尺寸大小，重新设计了外壳，如图 10-26 所示。其中为了降低外壳的高度，使传感器与外部空气充分接触，采用开口设计，将传感器气体检测面与外壳表面持平。通过上述设计和制作，完成了第二版便携一体式数据采集器的研制工作，如图 10-27 所示。

图 10-27　便携一体式数据采集器实物(第二版)

在中南大学地下工程实验室开展了便携一体式数据采集器功能性试验测试,通过测试数据可知:便携一体式数据传感器的直线无线数据传输距离大于300 m,一次转弯传输距离大于 200 m;系统同时接入便携一体式数据采集器数量超过 15 组;电池有效连续工作时间为 6 h 以上;传感器数据实时更新时间间隔不超过 2 s。各项指标符合预期要求。

10.2.3　便携一体式数据采集器的嵌入式软件开发

由笔者自主开发的嵌入式控制软件主要用于便携一体式数据采集器,通过串口服务器或无线通信模式接收环境传感器监测数据,并远程上传至中心监控平台。软件可自主监测工作电压、数据传输等工作状态,通过声、光等报警方式提示系统当前的工作状态。软件系统功能模块设计包括上位机接口、ARM控制核心、系统接口、系统输出、数据运算、A/D 采样时钟、缓存、温湿度传感器、电化学传感器等模块。

(1)上位机接口模块:通过数据监控平台的手动参数输入功能,使用ZigBee 无线通信硬件接口及自定义串口通信协议,控制 ARM 芯片按设定参数正确运行。

(2)ARM 控制核心模块:主要实现两个功能,即接收底层输入数据,处理获得数据,并与上位机进行通信,协调整个系统。STM32F103C8T6 的最小系统如图 10-28 所示。

为了兼容不同数据接口类型的传感器,设计了四种不同的外围数据接口方式,包括串行 Flash、EEPROM、RS-485、CARD 时序等。具体接口方式如图 10-29所示。

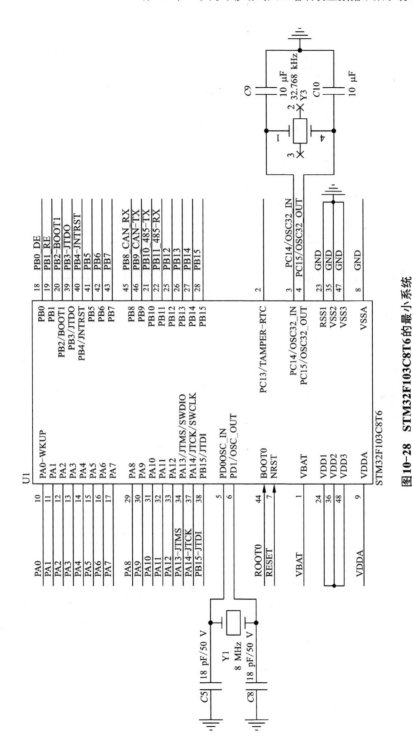

图10-28　STM32F103C8T6的最小系统

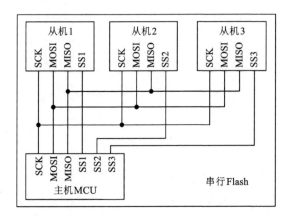

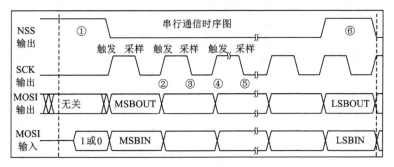

(a) 串行 Flash 原理及串行通信时序

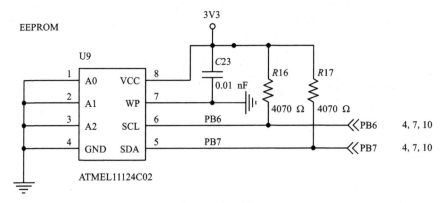

(b) EEPROM 原理

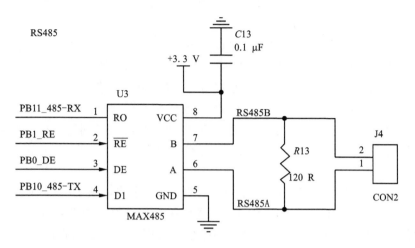

(c) RS-485 接口原理

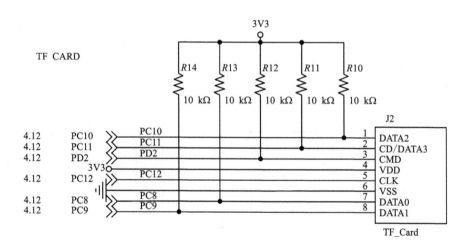

(d) CARD 原理

图 10-29　数据接口类型

(3) 系统接口模块：实现 ARM 与上位机的数据通信，系统采用 ZigBee 无线通信和 RS-485 串行总线与上位机、数据监控平台共享数据。RS-485 是一种标准的通信接口，USB2.0 具有可便携、易扩展、即插即用、热插拔等优越性能，而且支持高达 480 Mbit/s 的传输速度，完全可以满足实时高速传输的需要。

(4)系统输出模块：通过多色 LED 指示灯、蜂鸣器等显示设备运行状态，能及时发出状态信号指示和超限危险报警。

(5)数据运算模块：数据运算可调用不同的软件算法，处理接收到的不同数据，根据软件逻辑处理结果来输出不同的 LED 指示灯信号和蜂鸣器信号。

(6)A/D 采样时钟模块：系统根据上行数据，提供时钟频率，驱动 A/D 转换器。便携一体式数据采集器的传感器输出的模拟信号要经过 A/D 采样转换为数字信号后送到 ARM 中进行处理，传感器需要根据采样时钟进行采样。系统通过 A/D 采样时钟模块给 A/D 转换器提供采样时钟，并控制 A/D 进行采样。

(7)缓存模块：直接内存存取(DMA)缓存模块逻辑如图 10-30 所示。其允许通过不同速度的硬件装置来沟通，无须依赖 CPU 的大量中断负载。而 CPU 需要把每一片段的资料复制到暂存器中，然后再把这些暂存器中的资料再次写到新的存储空间。在这一段时间，CPU 无法被其他任务所使用。将传输数据从一个地址空间复制到另外一个地址空间，DMA 的存储效率较高。

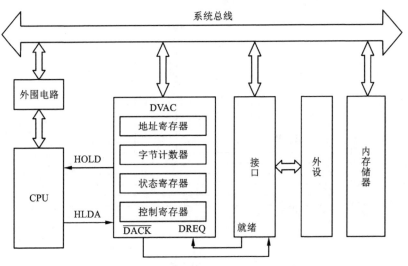

图 10-30　直接内存存取(DMA)缓存模块逻辑

实现 DMA 传输时，由 DMA 控制器直接掌管总线。这里存在着一个总线控制权转移问题，即 DMA 传输前，CPU 要把总线控制权交给 DMA 控制器；而在结束 DMA 传输后，DMA 控制器应立即把总线控制权再交回给 CPU。一个完整的 DMA 传输过程必须经过 4 个步骤：DMA 请求，DMA 响应，DMA 传输，DMA 结束。

(8)温湿度传感器：系统采用 Maxim 公司生产的 K 型热电偶串行模数转换器 MAX6675，不但可将模拟信号转换成 12 bit 对应的数字量，而且自带冷端补偿。其温度分辨能力达 0.25 ℃，采用 SO8 封装，体积小，可靠性高。

(9)电化学传感器：电化学传感器主要集成 ZE03 电化学模组。电化学模组 ZE03 是高性能、通用的电化学系列模组，它采用三电极电化学气体传感器和高性能微处理器，搭载不同的气体传感器就可以测量对应的气体。内置温度传感器进行温度补偿，可精确测量环境中的气体浓度，具有数字输出和模拟电压输出两种模式。电化学传感器和 MCU 集成的接线原理如图 10-31 所示。

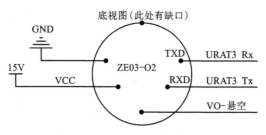

图 10-31　MCU 集成接线原理

(10)A/D 转化模块：A/D 转化模块把模拟信号转化成数字信号。选取 A/D 转换器需要考虑的因素主要有分辨力、准确度、速度、电源要求、接口及转换器的类型等。

(11)ZigBee 无线通信模块：系统采用的 ZigBee 无线通信器件是 DL-LN3X 系列模块，如图 10-32 所示。该模块专为需要自动组网多跳传输的应用场合设计，方案更加灵活、可靠，可长期稳定工作。

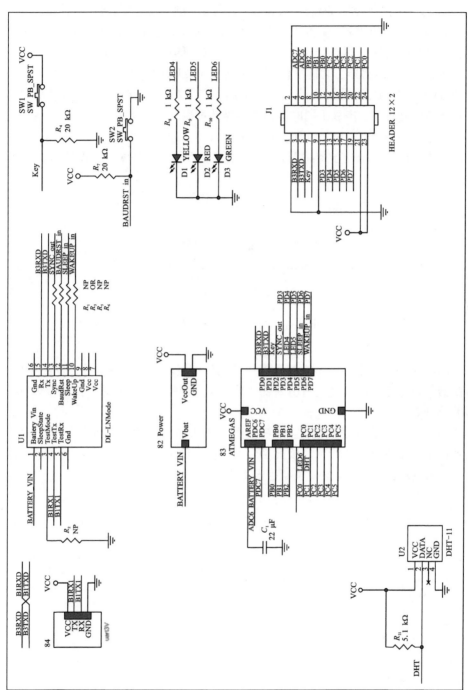

图10-32 DL-LN3X模块原理

第 11 章

矿用可移动式人工增氧装置设计与研制

目前国内外预防高原缺氧主要的增氧方式：一是对空气加压，提高空气密度，实现提升氧含量的目的，如发明专利 CN200610104868.1 公开的"便携式高原呼吸增氧装置及其应用"；二是人工增加氧气，提高氧气的单位体积质量浓度，如发明专利 CN201110379829.3 公开的"防毒、高原、缺氧自救吸氧方法及设备"；三是采用氧气富集技术，例如通过分子筛等方法来提高呼吸的氧气含量，发明专利 CN201110127410.9 公开的"军用高原车载氧气机"。

对于矿山作业人员而言，便携式或口罩式的增氧方法穿戴不方便，采用分子筛等技术富集供氧效率低，不能大范围开展工业应用。目前广泛使用的氧气瓶直接输送氧气的供氧方式，存在管理比较粗放，供氧量比较随意，不能有效控制输氧区域的实际氧含量在合理区间，极易导致供氧不足或氧气过量等安全问题。

11.1 可移动式人工增氧装置设计方案

针对现有的供氧方案不能有效控制供氧区域的实际氧含量在合理区间的问题，实现安全、经济、可靠性的连续供氧目标，本章提出了矿用可移动式人工增氧调控装置及方法。人工增氧装置包括：便携式传感器、供氧模块、风机、控制系统、电源模块、通信模块，其逻辑控制如图 11-1 所示。装置通过便携式传感器实时采集环境的氧气浓度值。无线数据模块把传感器的监测数据发送至工控机主机，配套的智能控制软件对数据进行分析判断，根据预设调控逻辑来做出具体控制指令：一方面通过变频器控制射流风机的风速；另一方面通过电磁阀控制氧气流量。通过两者协调工作，实现对输氧区域的氧气浓度的实时控制。

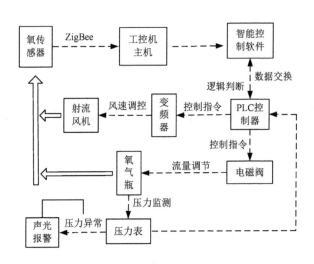

图 11-1　人工增氧装置的控制逻辑结构

　　矿用可移动式人工增氧调控装置一般作业流程：首先将人工增氧装置安设在作业面区域，检查后通电运行，便携式传感器开始实时监测作业区域的氧气值，并将检测结果通过通信模块发送给控制系统；智能控制软件将接收的氧气数据与预设值进行对比分析，根据预设逻辑做出判断后，发出供氧控制指令和风速控制指令，分别控制供氧模块的氧气流量和射流风机的运行工况；风流将供给氧气吹入作业面区域，完成第一轮闭环控制过程。然后便携式传感器发送新的氧气监测数据发给控制系统，重复上述逻辑控制过程，进行第二轮闭环控制。通过不断重复上述闭环控制过程，直至作业面区域的氧气浓度监测值达到预设的合理范围内，维持现有的工作状态与参数。若氧气浓度监测值偏离合理范围，则再次开始重复上述控制过程。

　　根据人工增氧装置的整体设计思路，提供了一种局部人工增氧装置的具体实施方案，如图 11-2~图 11-4 所示。该装置包括便携式传感器、供氧模块、风机、控制系统、电源模块、通信模块。如图 11-2 所示，供氧模块包括通过供氧管依次连通的若干氧气瓶 21、电磁阀 10、供氧环 2 和风机 1；控制系统包括工控机 13、PLC 控制器 12、变频器 11，PLC 控制器 12 和 ZigBee 通信模块 6 均与工控机 13 连接，变频器 11 和电磁阀 10 均与 PLC 控制器 12 连接，风机 1 与变频器 11 连接。

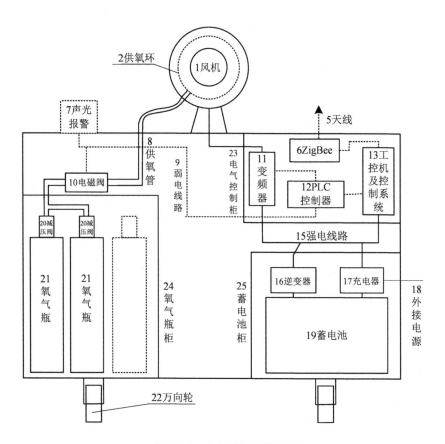

图 11-2　人工增氧装置正面

　　便携式传感器已在第 10 章中做了详细说明，实物如图 10-27 所示，包含氧气含量传感器、逻辑控制器、无线数据传输模块、报警提示模块和供电模块等。氧气含量传感器采集环境中的氧气浓度值并发送给逻辑控制器，控制器将氧气浓度值经无线数据传输模块发送给 ZigBee 通信模块 6，通信模块将氧气浓度值发送至工控机 13，工控机 13 按照预设控制逻辑对采集氧气浓度值进行判断，做出控制决策并将控制指令发送给 PLC 控制器 12，PLC 控制器 12 根据供氧控制指令和风速控制指令分别发送给电磁阀 10 和变频器 11，电磁阀 10 根据供氧控制指令打开对应的开度，控制氧气流量，变频器 11 控制风机 1 的风速。

　　通过采用氧气瓶 21 供氧，供氧及更换方便快捷，每个氧气瓶都设置有减压阀 20，通过调节减压阀 20 和电磁阀 10 可控制氧气的流量，氧气瓶 21 内的氧气依次通过减压阀 20、电磁阀 10 后通过供氧环 2 释放出来。氧气瓶采用立式方式安装，如图 11-3 所示，其中，供氧环 2 采用环形管制作而成，环形管上设置有进气口和等间隔的若干排气孔，氧气通过若干排气孔排出并随风机风流输送到需氧区域，环形管能将氧气分散排出，有利于氧气快速均匀分散到作业面区域的空气中，避免局部氧气浓度不均导致便携式传感器检测的数据不能表征作业面区域的浓度分布状态。

便携式传感器的标准接口用于连接一氧化碳含量传感器、甲烷含量传感器、二氧化碳含量传感器、温湿度传感器等；可根据具体的应用工况，选择增加一个或多个气体传感器，实时获取环境中的多个不同环境参数监测值，保证作业面环境安全。便携式传感器的报警提示模块由蜂鸣器和三组指示灯构成，指示灯分别为红、绿、黄三色，蜂鸣器和指示灯用于反馈便携式传感器的工作状态。例如红色指示灯亮反馈电源供电正常，红灯闪烁反馈电量不足 20%，同

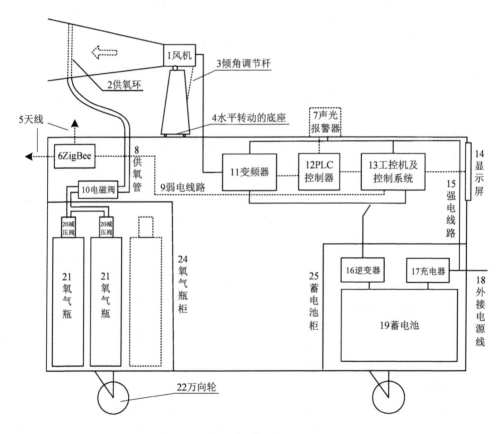

图 11-3　局部人工增氧装置的侧面

时蜂鸣器发出报警声；绿色指示灯亮反馈氧气在合理区间，闪烁反馈含量超出合理区间，同时蜂鸣器发出报警声；黄色指示灯亮反馈 ZigBee 通信正常，闪烁反馈通信出错，同时蜂鸣器发出报警声。

如图 11-3 所示，局部人工增氧的声光报警器 7 与 PLC 控制器 12 连接。当氧气瓶 21 压力不够、作业区氧含量偏离合理范围、电源模块电压不足、便携式传感器数据传输不稳定等情况出现，PLC 控制器 12 发送报警指令给声光报警器 7 以发出声光提示、报警信息。显示屏 14 与工控机 13 连接。显示屏 14 用于显示作业区的氧气浓度值、风机转速，若便携式传感器还包括一氧化碳含量传感器、甲烷含量传感器、二氧化碳含量传感器、温湿度传感器等一种或多种，则显示屏 14 同时显示对应的气体浓度值或温湿度值。通信模块包括 ZigBee 通信模块 6 及与其连接的天线 5。ZigBee 无线传输方式，使用起来比较安全，容量性很强，功耗低，可支持长时间作业。

其中，风机 1 包括可水平转动的底座 4，设置于底座 4 上端且可上下转动的倾角调节杆 3。通过可水平转动的底座 4 可调节风机 1 出风的水平方向，倾角调节杆 3 可上下转动，可调节风机 1 出风的竖直方向，便于根据实际工况选择最合适的出风方向；实施时，风机 1 可选用射流风机。通过在底座 4 底部设置水平旋转盘实现水平方向转动，设置倾角调节杆 3 实现机头上下转动；倾角调节杆 3 一端连接于机头上，另一端连接于底座 4 上，通过调节倾角调节杆 3 位于其与机头连接处和与底座连接处的长度实现倾角调节。

电源模块包括可充电电池 19 及分别连接于可充电电池 19 输入端和输出端的充电器 17、逆变器 16。供氧模块、风机、控制系统、通信模块均与逆变器 16 连接，充电器 17 连接外接电源线 18。通过选用可充电电池 19，可适用于没有通电或不便于接电的工况。还可选择外接电源线 18 同时接通供氧模块、风机、控制系统、通信模块并为其供电。方便接电时，通过外接电源线 18 直接供电，不便接电时，通过可充电电池供电，可充电电池 19 可选择铅酸电瓶（锂电池组）。

供氧模块、控制系统、电源模块、通信模块均设置于箱体内，风机设置于箱体顶部，箱体底部设置于若干行走轮 22。通过设置行走轮 22 便于移动该装置的位置，更好地适用于各种工况。根据具体应用工况，行走轮 22 可选择轨道轮、万向轮或其他滚轮。通过这种设计方案，可通过副井、斜坡道等方式移动与运输。

11.2 可移动式人工增氧装置实例方案

在前期整体设计和功能设计的基础上，提出了一种具体的实施设计方案，考虑到矿井作业空间有限，氧气瓶采用 10 L 的小型钢瓶。为了满足较长时间的供氧需求，采用 12 瓶设计方案。为了更换氧气瓶方便，采用灵活的氧气瓶支架设计方案。在充分市场调查的基础上，对各种设备和部件进行了选型。在满足功能需求的基础上，充分考虑矿山的作业环境的实际需求，整体人工增氧装置采用不锈钢材料，所有部件尽量布置在不锈钢机柜内部。为了提高安全性能，不同控制单元采用分区方式布局，具体设计如图 11-4 所示。

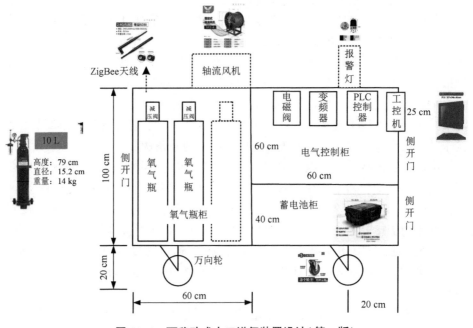

图 11-4 可移动式人工增氧装置设计(第一版)

在图 11-4 具体设计的基础上，对整个人工增氧装置的各个模块的控制逻辑进行了设计。部分设计方案如图 11-5 所示。

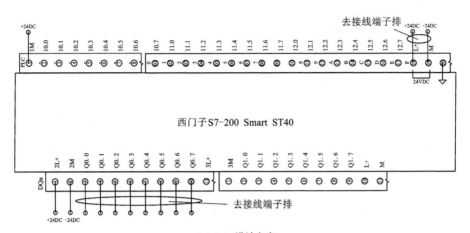

(a) CUP 设计方案

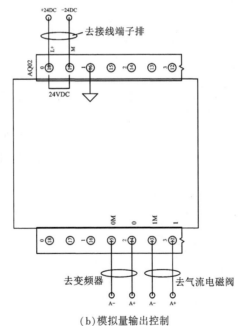

(b) 模拟量输出控制

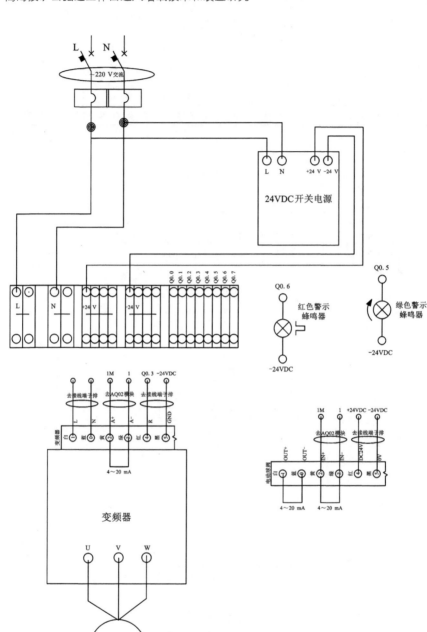

(c)主要电气控制电器

图 11-5　主要控制单元逻辑设计

在图 11-4 具体设计的基础上，委托第三方对人工增氧装置的不锈钢机柜进行了制作。自主动手对机柜内的各个控制模块进行了安装，并对各个模块进行了功能测试与性能评估。具体实物装置如图 11-6 所示。

图 11-6　可移动式人工增氧装置实物(第一版)

整个装置的移动机柜包含电气控制柜、氧气瓶柜和蓄电池柜三个分区空间，其中电气控制柜内安装了 PLC 控制器、变频控制器、电磁阀等主要电控模块。系统的工控机安设在电气控制柜的柜壁，工控机内安装了自主设计开发的配套控制软件。软件控制界面如图 11-7 所示。

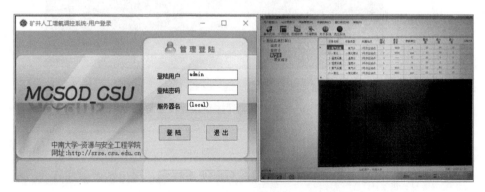

图 11-7　人工增氧装置智能控制软件界面

11.3 人工增氧装置控制软件功能介绍

金属矿井局部通风增氧装置监测与调控系统 V1.0 主要操作功能包括：①用户管理；②站点管理；③终端管理；④终端监控；⑤窗口样式。本系统安装完成后，可在桌面生成系统快捷方式图标，直接双击图片即可进入系统登录界面；可通过系统程序菜单查找系统安装对应的目录，单击系统链接即可登录系统界面；操作人员输入正确的用户名、登录密码及服务器名，也可成功登录系统。系统登录成功后，即直接进入系统操作的主界面，如图 11-8 所示。

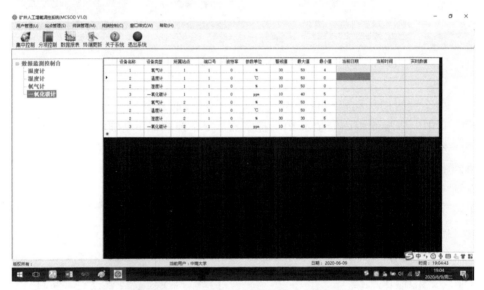

图 11-8　矿井局部通风调控系统操作主界面

用户管理模块主要包括用户信息维护、用户密码设置两个功能模块，用于使用人员的添加、修改、删除，以及设置用户使用权限、用户密码等操作。

1. 站点管理模块

新增站点、删除站点两个子功能模块。新增站点子模块主要用于增加新的监控站点、维护新站点参数，操作界面如图 11-9(a) 所示。删除站点子模块主要用于删除不需要的监控站点；删除站点前可先通过"查询"按钮查询拟删除站点的存在状态，确定站点是否存在，操作界面如图 11-9(b) 所示。

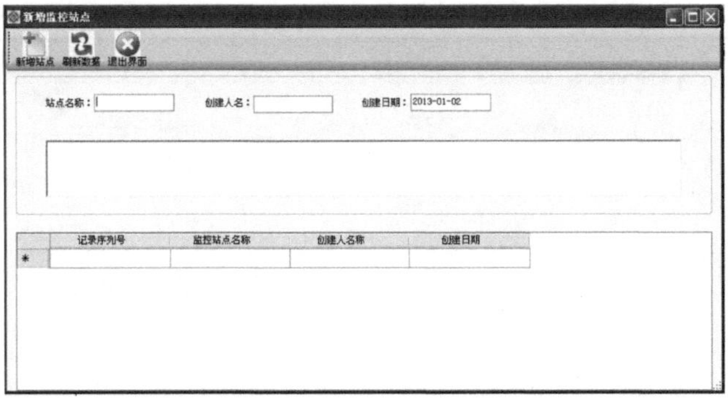

(a)

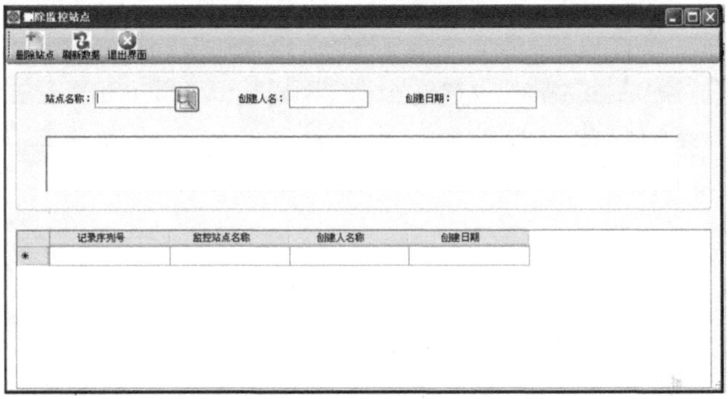

(b)

图 11-9　新增、删除站点子模块界面

2. 设备管理模块

设备类型、端口类型、设备维护三个子功能模块。设备类型子模块主要用
于维护新的传感器参数,包括新增一个类型的传感器或仪表,删除不再使用的
传感器等操作,操作界面如图 11-10(a)所示。端口类型子模块主要用于维护
传感器、仪器仪表的通信端口参数,包括新增、删除一种类型接口等操作,操
作界面如图 11-10(b)所示。设备维护子模块主要用于维护各站点所属的各传
感器的参数,包括新增一个监控传感器或仪表,删除一个传感器,修改某个已
有传感器的相关参数,操作界面如图 11-10(c)所示。

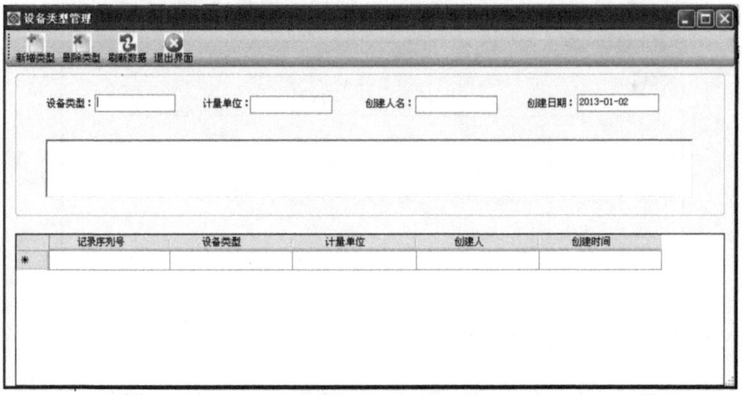

(a)

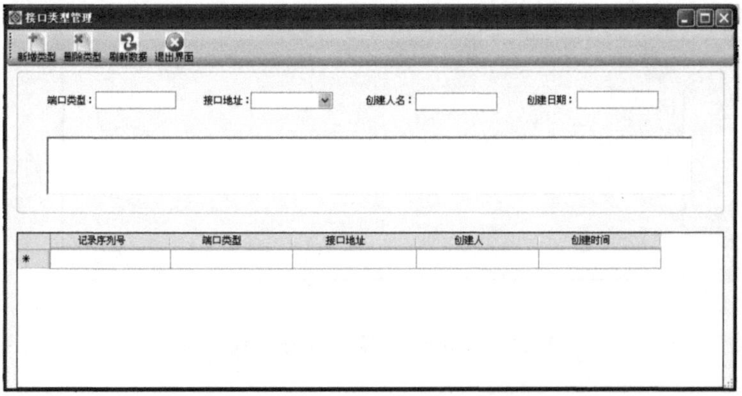

(b)

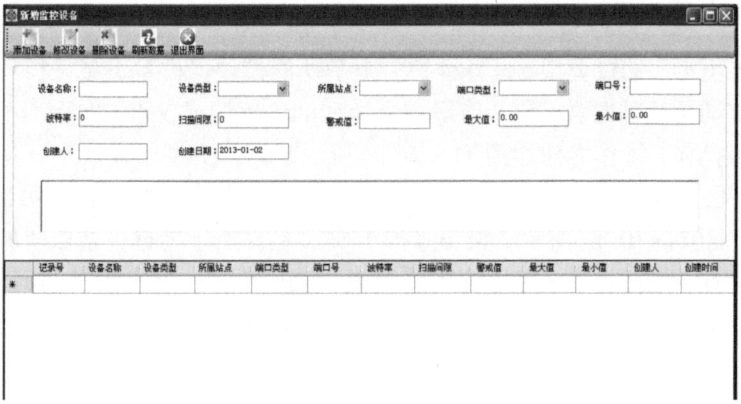

(c)

图 11-10　设备类型、端口类型、设备维护子模块

3. 设备监控模块

综合监控、站点监控、单项监控三个功能子功能模块。综合监控子模块主要用于监测系统中包括的所有传感器的实时监测数据及参数,并以图像、表格形式进行同步显示。在系统处理后台,将各传感器的各个参数数值与系统预设值及警戒值进行对比分析,并按照设定逻辑进行分析,形成系统控制指令。系统自动将控制指令发送到 PLC 控制系统单元,PLC 控制系统通过 D/A 数模转换,自动调整各种环境保障设备设施(如风机)的运行状态和参数,实现自动调控作业环境条件,操作界面如图 11-11 所示。

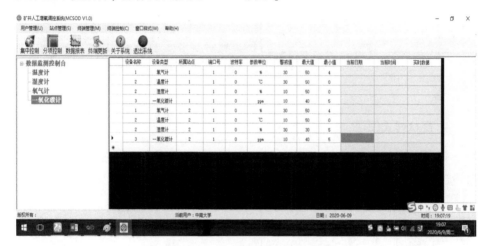

图 11-11　综合监测子模块界面

站点监控子模块主要用于监测选定站点所属的所有传感器的实时监测数据及参数,并以图形的方式进行同步显示,如图 11-12 所示。

图 11-12　站点监控选择子界面

231

单项监控子模块主要用于监测某个特定传感器的实时监测数据及参数，并以图形的方式进行同步显示，如图 11-13 所示。

图 11-13 单项设备选择子界面

4. 窗口样式模块

为了便于对各传感器所监测数据及参数的观测与分析，系统对多个监测窗口设计了垂直平铺、水平平铺两种显示模式，如图 11-14 所示。

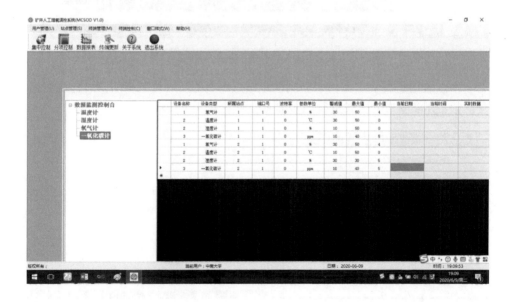

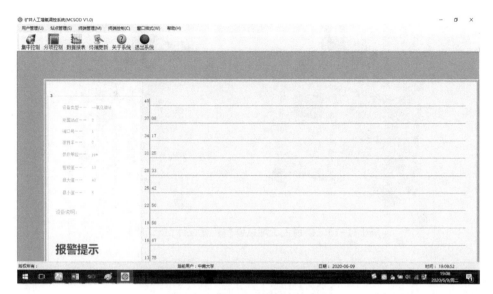

图 11-14　水平、垂直平铺显示模式

11.4　可移动式人工增氧装置改进优化

矿用可移动式人工增氧调控装置在中南大学地下工程实验室进行了应用实验研究，对实际使用过程中获得的大量试验数据进行分析，结合示范矿山相关领域专家的建议，对人工增氧装置的移动机柜进行了二次优化改进。

1. 人工增氧装置移动机柜优化设计

第一次主要改进包括：针对氧气瓶更换效率不高的问题，采用了抽屉抽拉方式。为了结构的稳定性和强度需要，将 12 瓶容量调整为 9 瓶，减少了增氧机柜的宽度，有利于在矿山狭小空间使用；增加了电源开关和应急开关，避免频繁开启关闭机柜，有利于减少矿井环境对内部电气元器件的影响。具体结构如图 11-15 所示。

在第二版移动机柜实际使用的基础上，发现采用抽屉抽拉方式比较符合更换氧气钢瓶的使用需求，相对之前的效果较好。但在使用过程中也存在一些问题：移动机柜在承重条件下移动比较费力，应加大移动轮直径，采用静音承重轮比较合适；工控机安设在移动机柜的侧面，在某些使用条件下会导致工控机

图 11-15　矿用人工增氧调控装置设计(第二版)

靠近巷道壁,不能方便使用;风机不加锥形集风罩不能形成稳定的射流,氧气输送距离有限,对于较长距离的使用存在一定的困难。

　　针对上述实验使用过程中发现的问题,继续对移动机柜进行了优化设计。主要设计变更体现在以下几个方面:增大了 4 个承重轮,并全部采用可转向的,有利于在狭小空间转弯和移动;风机出口加装锥形集风罩,有利于形成稳定的射流风路;将工控机安设位置调整到电气控制柜的柜壁,有利于在狭小空间使用;将整体空间进行了调整,减少了蓄电池柜体积,预留了工具柜,可以储存小型配件和工具;将电气控制柜的电气控制单元采用挂壁方式安装,有利于布线,增大电气设备安装空间,有利于实行分区安装。具体设计如图11-16 所示。

　　移动机柜部分加工设计如图 11-17 所示。

2. 人工增氧装置控制软件功能优化

　　通过在中南大学地下工程实验室的现场应用实验,从实际使用的需求出发,进一步优化软件的展示界面,突出了自主设计的特色。优化了智能调控的控制逻辑和策略,为了保证多个数据采集器的数据分析的稳定性,优先考虑氧气浓度的调控需求,重点关注有毒有害气体浓度不超限的安全需求;开放了各传感器的参数设定权限,提供了装置的使用灵活性和适用范围。优化了声光报警的方式,当出现氧气浓度不在合理区间时,在调控的同时采用间歇式报警方式,提醒作业人员注意设备运行状态;如果间断性报警持续出现,则需要人为干预调控装置的工作状态;对于出现逻辑控制错误或有毒有害、氧气超过预设

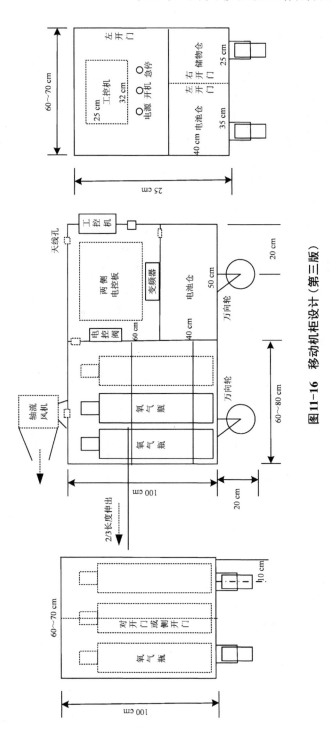

图 11-16 移动机柜设计（第三版）

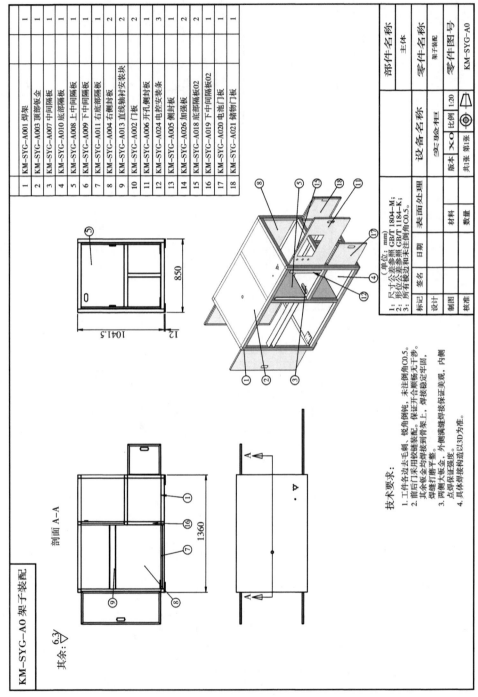

序号	零件图号	名称	数量
1	KM-SYG-A001	焊架	1
2	KM-SYG-A003	顶部钣金	1
3	KM-SYG-A007	中间隔断板	1
4	KM-SYG-A010	底部隔断板	1
5	KM-SYG-A008	上中间隔断板	1
6	KM-SYG-A009	下中间隔断板	1
7	KM-SYG-A011	右底部隔断板	2
8	KM-SYG-A004	右侧封板	2
9	KM-SYG-A013	直线轴衬安装块	1
10	KM-SYG-A002	门板	3
11	KM-SYG-A006	开孔侧封板	1
12	KM-SYG-A024	电柜安装条	2
13	KM-SYG-A005	侧封条	2
14	KM-SYG-A026	加强板	1
15	KM-SYG-A018	底部隔断板02	2
16	KM-SYG-A019	下中间隔断板02	2
17	KM-SYG-A020	电池门板	1
18	KM-SYG-A021	储物门板	1

部件名称	主体		
零件名称	架子焊接		
零件图号	KM-SYG-A0		

设备名称		实验柜体	比例 1:20

				(单位:mm)	1:尺寸公差参照 GB/T 1804-M; 2:形位公差参照 GB/T 184-K; 3:所有锐边和未注倒角 C0.5。	表面处理		

标记		签名	日期				材料	数量
设计								
制图							版本 X-O	共X张 第1张
校准								

剖面 A-A

KM-SYG-A0 架子装配

850

1041.5

12

1360

其余: 6.3 ∨

技术要求:
1. 工件各边去毛刺、锐角倒钝，未注倒角C0.5。
2. 前后门采用铰链装配。保证开合顺畅无干涉。其余钣金均焊接到背架上，焊缝稳定牢固。
3. 两侧大板全、外侧两道焊缝保证美观。内侧点焊保证强度。
4. 具体焊接构造以3D为准。

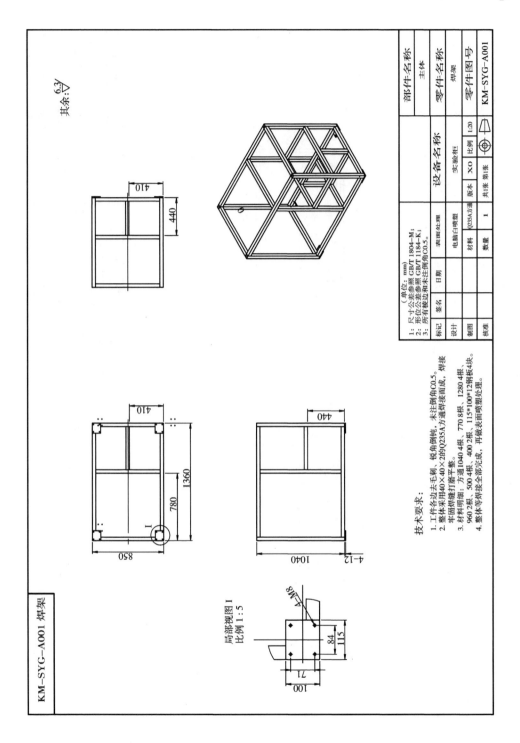

其余: $6.3\sqrt{}$

局部视图 I
比例 1:5

技术要求:
1. 工件各边去毛刺,锐角倒钝,未注倒角 C0.5。
2. 整体采用 40×40×2 的 Q235A 方通焊接而成,焊接
   牢固焊缝打磨平整。
3. 材料明细: 方通 1040 4 根、770 8 根、1280 4 根、
   960 2 根、500 4 根、400 2 根、115*100*12 钢板 4 块。
4. 整体等焊接全部完成,再做表面喷塑处理。

部件名称			主体
零件名称			烘架
零件图号			KM-SYG-A001

设备名称			实验柜		
			版本 XO	比例 1:20	
			共张 第1张		
材料 Q235A 方通					
数量 1					

(单位: mm)
1: 尺寸公差参照 GB/T 1804-M;
2: 形位公差参照 GB/T 1184-K;
3: 所有棱边和未注倒角 C0.5。

标记	签名	日期
设计		
制图		
核准		

KM-SYG-A001 烘架

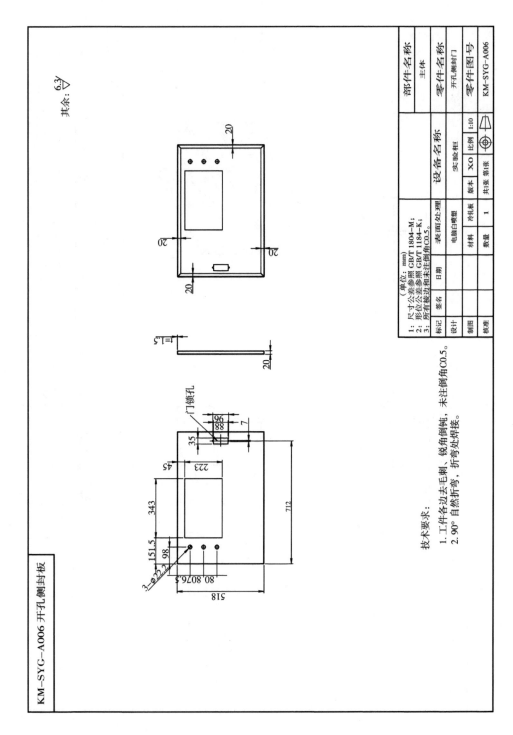

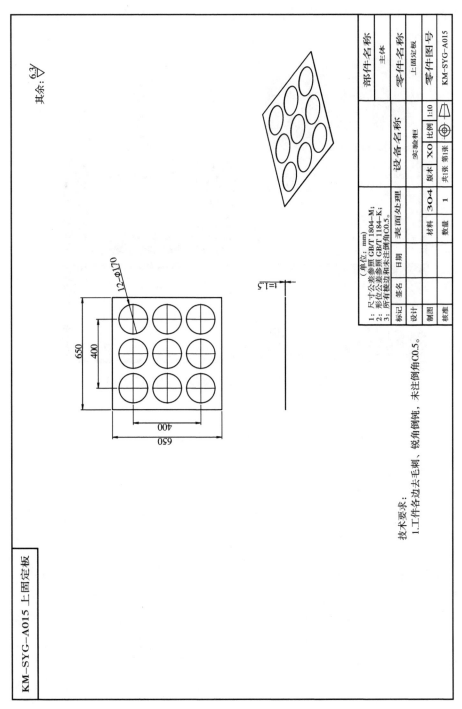

KM–SYG–A015 上面定板

其余: 6.3

12–Φ170

650
400
400
650

技术要求：
1.工件各边去毛刺、锐角倒钝，未注倒角C0.5。

（单位：mm）
1：尺寸公差参照 GB/T 1804–M；
2：形位公差参照 GB/T 1184–K；
3：所有棱边和未注倒角C0.5。

			表面处理			部件名称	主体
	签名	日期			设备名称	零件名称	上面定板
设计					实验框	零件图号	KM-SYG-A015
制图			材料	3O4	版本 XO	比例 1:10	
校准			数量	1	共1张 第1张		

图 11-17　移动机柜部分设计（第三版）

239

范围情况，则采用高强度的持续报警方式，提醒作业人员必须立即处置；新增了监测数据展示与历史数据回看及下载功能。具体优化内容如图 11-18 所示。

图 11-18　人工增氧装置试验及智能控制软件(优化版)

11.5　矿井作业面人工增氧调控应用示范

移动式人工增氧调控装置在中南大学地下工程实验室开展了工业应用测试实验，主要测试项目包括两个方面：①人工增氧调控装置基本功能和参数测试实验；②矿井掘进工作面的模拟增氧效果综合评估。部分实验照片如图 11-19 所示。

(1) 在中南大学地下工程实验室开展了便携式采集器数据传输性能测试实验，结果发现：①在直线数据传输方式下，当数据采集器与移动机柜距离 300 m时，无线数据传输稳定、可靠，没有出现数据传输中断的问题，证明数据采集器可实现直线距离 300 m 以内的数据稳定传输功能。②巷道一次转弯条件下，当数据采集器距离移动机柜约 200 m 时，数据传输稳定、可靠，没有出现数据传输中断的问题，证明数据采集器可实现巷道一次转弯条件下 200 m 内的数据稳定传输功能。

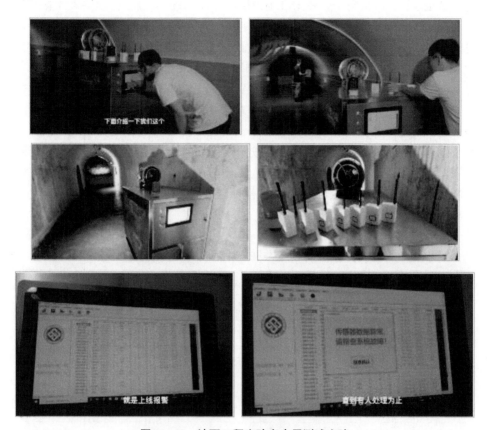

图 11-19 地下工程实验室应用测试实验

（2）在实验室开展了数据采集器连续工作时间测试工作。在所有功能开启的条件下，数据传感器在 1800 mAh 锂电池供电条件下，锂电池的连续工作时间可达 6 h 以上；单一氧气传感器连续工作条件下，数据采集器的有效连续工作时间可达 9 h 以上。

（3）人工增氧调控装置采用 ZigBee 无线组网技术方案，理论可提供的局域组网容量可达 256 组。通过室内实验测试，在同时接入 12 组数据采集器的条件下，数据传输稳定，没有丢失数据和数据采集器的问题。实测证明：系统所采用的 ZigBee 无线组网模块具有较好的兼容性和扩展性，组网数量能够满足日常矿井局部作业面的无线数据传输需求。

（4）人工增氧调控装置供氧强度分析：按照任务书设定的每人供氧强度不低于 150 L/min 计算，按照作业面作业人员 10 人，每个移动供氧装置携带压缩纯氧9瓶分析。若按每个钢瓶15 L压缩纯氧(10 MPa)计算,连续供氧计算所得时间为15 h。若按每个钢瓶10 L压缩纯氧(10 MPa)计算,连续供氧计算所得时间为10 h。通过对示范矿山主要作业面工作现场的实际调研,通常作业人员为2~4人,可以满足一般作业一天的供氧需求。

(5)移动式人工增氧调控装置供氧浓度变化:开展了地下工程实验室的掘进工作面的供氧浓度分析,作业区模拟人员2人,携带数据采集器在作业面附近移动,掘进作业面的体积约112 m^3,氧气初始体积平均浓度为20.5%,设定氧浓度上下限值为21.8%~22.0%。按照设定参数稳定运行一段时间后,查阅系统保存的氧气体积浓度数据可知:人工增氧装置运行后,作业面的氧气体积浓度变化为21.6%~22.5%,氧含量增加5%以上,氧气体积浓度波动幅度在4.1%左右。具体数据见表11-1所示。

表11-1　人工增氧调控装置的部分测试数据

站点名称	设备名称	设备类型	监控日期	参数时间点	参数值
04号工作位	便携采集器-O_2_4	氧气计	2021-6-28	14:54:36	20.5
04号工作位	便携采集器-O_2_4	氧气计	2021-6-28	14:54:46	20.5
04号工作位	便携采集器-O_2_4	氧气计	2021-6-28	14:54:56	20.5
…	…	…	…	…	…
04号工作位	便携采集器-O_2_4	氧气计	2021-6-28	15:04:36	20.5
04号工作位	便携采集器-O_2_4	氧气计	2021-6-28	15:04:46	20.5
04号工作位	便携采集器-O_2_4	氧气计	2021-6-28	15:04:56	20.8
04号工作位	便携采集器-O_2_4	氧气计	2021-6-28	15:05:07	20.9
04号工作位	便携采集器-O_2_4	氧气计	2021-6-28	15:05:17	21.3
04号工作位	便携采集器-O_2_4	氧气计	2021-6-28	15:05:27	21.7
04号工作位	便携采集器-O_2_4	氧气计	2021-6-28	15:06:18	21.9
04号工作位	便携采集器-O_2_4	氧气计	2021-6-28	15:06:28	21.5
04号工作位	便携采集器-O_2_4	氧气计	2021-6-28	15:06:38	21.3
04号工作位	便携采集器-O_2_4	氧气计	2021-6-28	15:06:49	21.3
04号工作位	便携采集器-O_2_4	氧气计	2021-6-28	15:06:59	21.6

续表11-1

站点名称	设备名称	设备类型	监控日期	参数时间点	参数值
04 号工作位	便携采集器-O_2_4	氧气计	2021-6-28	15:07:09	21.5
04 号工作位	便携采集器-O_2_4	氧气计	2021-6-28	15:07:19	21.8
04 号工作位	便携采集器-O_2_4	氧气计	2021-6-28	15:07:30	21.8
04 号工作位	便携采集器-O_2_4	氧气计	2021-6-28	15:07:40	21.7
04 号工作位	便携采集器-O_2_4	氧气计	2021-6-28	15:07:50	21.6
04 号工作位	便携采集器-O_2_4	氧气计	2021-6-28	15:08:00	21.6
04 号工作位	便携采集器-O_2_4	氧气计	2021-6-28	15:08:10	21.5
…	…	…	…	…	…
04 号工作位	便携采集器-O_2_4	氧气计	2021-6-28	15:21:55	21.4
04 号工作位	便携采集器-O_2_4	氧气计	2021-6-28	15:22:05	21.7
04 号工作位	便携采集器-O_2_4	氧气计	2021-6-28	15:22:16	21.9
04 号工作位	便携采集器-O_2_4	氧气计	2021-6-28	15:22:26	21.5
04 号工作位	便携采集器-O_2_4	氧气计	2021-6-28	15:22:36	21.5
04 号工作位	便携采集器-O_2_4	氧气计	2021-6-28	15:22:46	21.3
04 号工作位	便携采集器-O_2_4	氧气计	2021-6-28	15:22:56	21.6
04 号工作位	便携采集器-O_2_4	氧气计	2021-6-28	15:23:07	21.5
04 号工作位	便携采集器-O_2_4	氧气计	2021-6-28	15:23:17	21.8
04 号工作位	便携采集器-O_2_4	氧气计	2021-6-28	15:23:27	21.8
04 号工作位	便携采集器-O_2_4	氧气计	2021-6-28	15:23:37	21.6
04 号工作位	便携采集器-O_2_4	氧气计	2021-6-28	15:24:39	21.6
04 号工作位	便携采集器-O_2_4	氧气计	2021-6-28	15:24:49	21.6
…	…	…	…	…	…

参考文献

［1］陈丛林．我国矿产资源综合利用监督管理技术标准体系现状［J］．矿产综合利用，2021（6）：6-10.

［2］陈其慎，于汶加，张艳飞，等．关于加强我国矿产资源储备工作的思考［J］．中国矿业，2015，24（1）：4-7.

［3］宁树正，曹代勇，朱士飞，等．煤系矿产资源综合评价技术方法探讨［J］．中国矿业，2019，28（1）：73-79.

［4］张文旭．论山西省矿产资源配置中存在的问题及建议［J］．华北国土资源，2015（1）：66-68.

［5］朱迪，吴泽斌．失调与调适：矿产资源开发利用引发的社会问题及对策分析［J］．中国矿业，2020，29（7）：8-13.

［6］李琦，于丽，严涛，等．高海拔隧道施工通风风管漏风率研究［J］．铁道学报，2019，41（1）：5-12.

［7］孙三祥，王文，路仕洋，等．高海拔隧道施工自卸车CO扩散规律［J］．铁道学报，2019，41（2）：7-15.

［8］徐湉源，王明年，于丽．高填方双层衬砌式明洞土压力和结构内力特性研究［J］．铁道学报，2019，41（2）：8-15.

［9］赵立群，张敏，陈彤．中国重要金属矿产资源现状、供需、进出口数据集［J］．中国地质，2019，46（1）：13-16.

［10］秦世滢．土木工程施工技术中存在的问题与创新探讨［J］．绿色环保建材，2021（12）：21-26.

［11］吴秋军，于丽，王峰，等．高海拔特长隧道低压低氧环境施工控制技术研究［J］．隧道建设，2017，37（8）：71-76.

［12］张博，高菊茹，王耀，等．高海拔隧道施工环境监控及供氧方案研究：中国土木工程学会学术年会［C］，2017.

［13］龚剑. 高海拔矿山掘进面长压短抽式通风粉尘分布数值模拟［J］. 金属矿山, 2014, 43(12): 203-208.

［14］林荣汉, 李国清, 胡乃联, 等. 高海拔掘进巷道混合式通风参数优化［J］. 中国矿业, 2017, 26(4): 51-58.

［15］赵斌. 浅析低气压对装备及元器件的影响［J］. 装备环境工程, 2016, 13(5): 180-186.

［16］Ahmadi M A, Shadizadeh S R, Chen Z. Thermodynamic analysis of adsorption of a naturally derived surfactant onto shale sandstone reservoirs［J］. The European Physical Journal Plus, 2018, 133(10): 25-29.

［17］GarcÍA-PÉRez E, Parra J B, Ania C O, et al. A computational study of CO_2, N_2 and CH_4 adsorption in zeolites［J］. ADSORPTION KLUWER ACADEMIC PUBLISHERS, 2007, 122(7): 36-39.

［18］Hao M, Qiao Z, Zhang H, et al. Thermodynamic Analysis of CH_4 and CO_2 Adsorption on Anthracite Coal: Investigated by Molecular Simulation［J］. Energy & amp; Fuels, 2021, 35(5): 121-126.

［19］Yao C, Zhang J, Li X, et al. Thermodynamic Analysis for Formation of Ti(C, N) in Blast Furnace and Factors Affecting TiO_2 Activity［M］. TMS 2015 144th Annual Meeting &amp, 2015.

［20］Zhang J, Burke N, Zhang S, et al. Thermodynamic analysis of molecular simulations of CO_2 and CH_4 adsorption in zeolites［J］. Chemical Engineering Science, 2014, 39(3): 11-16.

［21］Cha R B. Influence of Inbound Tourism to Consumer Prices with Moderator: Empirical Study of Hong Kong base on 1999-2014 Statistics［J］. Geographical Sciences, 2016, 36(7): 1050-1056.

［22］查瑞波, 孙根年, 董治宝, 等. 青藏高原大气氧分压及游客高原反应风险评价［J］. 生态环境学报, 2016(1): 72-79.

［23］蔚艳庆, 郑金龙, 韦远飞, 等. 高海拔隧道施工制氧供氧方案研究: 2013 年全国公路隧道学术会议［C］, 2013.

［24］张学富, 张闽湘, 杨风才. 风火山隧道温度特性非线性分析［J］. 岩土工程学报, 2009, 31(11): 1680-1685.

［25］周元辅, 张学富. 多年冻土隧道工程中的隔热层参数优化设计研究［J］. 现代隧道技术, 2014, 51(4): 63-72.

［26］Tang J, Zhang T, Zhou P, et al. An analysis of mineral resources distribution and investment climate in the 'One Belt, One Road' Countries［J］. Geological Bulletin of China, 2015, 15(7): 9-12.

［27］董素荣，刘卓学，熊春友，等. 二级可调增压共轨柴油机的高海拔燃烧特性［J］. 燃烧科学与技术，2017，23（1）：36-40.

［28］周平，唐金荣，杨宗喜，等. 形势依然严峻曙光已然乍现——2015 年上半年全球矿业形势分析：中国地质学会［C］，2015.

［29］Nie W，Wei W L，Cai P，et al. Simulation experiments on the controllability of dust diffusion by means of multi-radial vortex airflow［J］. Advanced Powder Technology，2018，29（3）：835-847.

［30］Ciocanea A，Dr Agomirescu A. Modular ventilation with twin air curtains for reducing dispersed pollution［J］. Tunnelling & amp；Underground Space Technology Incorporating Trenchless Technology Research，2013，37（6）：180-198.

［31］Liu J，Pan X，Qu Y，et al. Air pollution，human capital and corporate social responsibility performance：evidence from China［J］. Applied Economics，2022，96（2）：18-21.

［32］Qiang L，Wen N，Yun H，et al. Research on tunnel ventilation systems：Dust Diffusion and Pollution Behaviour by air curtains based on CFD technology and field measurement-ScienceDirect［J］. Building and Environment，2019，147（2）：444-460.

［33］Wang Z，Han J，Wang J，et al. Temperature distribution in a blocked tunnel with one closed portal under natural ventilation［J］. Tunnelling and Underground Space Technology，2021，109（8）：103-106.

［34］Chatterjee K，Doyen L. Stochastic Processes with Expected Stopping Time［J］. 2021，35（3）：17-21.

［35］Paithankar A，Chatterjee S，Goodfellow R，et al. Open-pit mining complex optimization under uncertainty with integrated cut-off grade based destination policies［J］. 2021，45（5）：112-114.

［36］王彭，王玎. 飞行人员耳气压功能的高压氧舱检测［J］. 中华航空医学杂志，2016，66（4）：127-132.

［37］龚剑，胡乃联，王孝东，等. 塌陷区下部采场顶板稳定性分析及岩移预测［J］. 采矿与安全工程学报，2015，36（6）：27-31.

［38］谭海林，胡乃联，王孝东，等. 3DVent 在矿井通风三维可视化中的应用［J］. 现代矿业，2013，29（10）：27-29.

［39］王孝东. 基于三维可视化的复杂矿井通风系统研究［J］. 昆明理工大学学报（自然科学版），2010，62（3）：55-59.

［40］吴迪，蔡嗣经，董宪伟. 海外矿产资源开发的技术经济评价模型研究［J］. 金属矿山，2010，10（6）：20-23.

［41］杨鹏，董宪伟，蔡嗣经，等. 高原非煤矿山增氧技术可行性分析：全国采矿科学技术高

峰论坛[C], 2010.

[42] 彭飞. 高原性气候对施工机械设备的影响及对策[J]. 通讯世界, 2018(3): 199-200.

[43] Acu A E I, Lowndes I S. A Review of Primary Mine Ventilation System Optimization[J]. Interfaces, 2014, 44(2): 163-175.

[44] Yao W, Lyimo H, Pang J. Evolution regularity of temperature field of active heat insulation roadway considering thermal insulation spraying and grouting: A case study of Zhujidong Coal Mine, China[J]. High Temperature Materials and Processes, 2021, 40(1): 151-170.

[45] Bouse K J, Taylor S. When Seconds Turn Into Minutes: Time Expansion Experiences in Altered States of Consciousness[J]. Journal of Humanistic Psychology, 2022, 62(2): 208-232.

[46] 张品, 李建军, 张国红. 高海拔米拉山公路隧道建设关键技术研究[J]. 地下空间与工程学报, 2020(1): 82-86.

[47] 罗勇军, 王锐军, 高钰琪. 采用遗传学新技术研究高原习服适应的遗传机制[J]. 国际遗传学杂志, 2011, 34(2): 41-48.

[48] 杨风, 肖华慧, 朱俊敏, 等. 我国西部地区民政精神卫生资源配置的收敛性研究[J]. 医学与社会, 2022, 19(5): 107-112.

[49] 张卫花, 康龙丽. 高原习服的重要性及研究现状[J]. 国外医学: 医学地理分册, 2018, 39(2): 51-56.

[50] 孙信义. 试论压入式通风在高海拔矿井中的应用[J]. 煤炭工程, 2004(3): 35-39.

[51] 王洪梁, 辛嵩. 人工增压技术的高海拔矿井通风系统[J]. 黑龙江科技学院学报, 2009, 19(6): 447-450.

[52] 赵宁雨, 吕陈伏, 陈弘杨, 等. 高海拔长大隧道压入式施工通风的合理长度研究[J]. 重庆交通大学学报(自然科学版), 2020, 39(3): 94-99+128.

[53] 聂兴信, 张书读, 冯珊珊, 等. 高海拔矿井掘进工作面局部增压的空气幕调控仿真研究[J]. 安全与环境学报, 2020, 20(1): 122-130.

[54] 周志杨, 王海宁, 晏江波, 等. 改扩建矿井通风系统优化及动态管理模型创建[J]. 有色金属工程, 2017, 7(5): 75-79.

[55] 方开泰. 均匀设计与均匀设计表 [M]. 北京: 科学出版社, 1994.

[56] Huang R, Shen X, Wang B, et al. Migration characteristics of CO under forced ventilation after excavation roadway blasting: A case study in a plateau mine [J]. J Clean Prod, 2020, 267.

[57] Obetholzer J W. Assessment of refuge deigns in collieries[C]. Safety in Mines Research Advisory Committee, Report on research project COL 115. Pretoria, South Africa: Department of Minerals and Energy, 1997

[58] 崔延红, 辛嵩, 尹玉鹏. 高原矿井补氧方式研究[J]. 煤矿安全, 2010, 41(2): 49-52.

[59] 何磊. 高原矿山独头巷道增氧通风数值模拟研究[J]. 现代矿业, 2011(2): 49-52.

[60] Zhang S J, Hu S S, Liu G Y, et al. Layout parameters of controlled cooling nozzles for seamless pipes based on Fluent software [J]. J Univ Sci Technol B, 2010, 32(1): 123-7.

[61] 钟华, 胡乃联, 李国清, 等. 基于 Fluent 的高海拔矿山掘进工作面增氧通风技术研究 [J]. 安全与环境学报, 2017, 17(1): 81-5.

[62] Yong L, Xia S L, Zhu J H. Study on flow characteristics of gas-mist two phase confined jet [J]. J Sichuan U(Eng Sci ed), 2001(4): 54-8.

[63] 高树生, 刘华勋, 叶礼友, 等. 页岩气藏 SRV 区域气体扩散与渗流耦合模型[J]. 天然气工业, 2017, 37(1): 85-93.

[64] 李莎, 雍玉梅, 尹小龙, 等. 多孔介质的孔隙特性对气体扩散过程影响的直接数值模拟[J]. 化工学报, 2013, 64(4): 1242-1248.

[65] 陈玮琪, 季锦梁. 水下气体射流的涡扩散理论模型[J]. 数字海洋与水下攻防, 2020, 3(1): 61-68.

[66] 刘芹, 贾琦晖, 何沛祥, 等. 多火源气体射流火动力学特性研究[J]. 合肥工业大学学报: 自然科学版, 2021, 44(8): 67-73.

[67] 彭佩. 有毒有害气体公路隧道射流巷道式施工通风技术研究[D]. 西南交通大学, 2014.

[68] 李翠红. 分形多孔介质的微纳尺度气体渗流特性研究[D]. 中国计量大学, 2017.

[69] 陈宝智, 关绍宗, 陈荣策. 掘进巷道压入式通风的风流结构及排尘作用的研究[J]. 东北大学学报(自然科学版), 1981(3): 100-108.

[70] 汤民波. 掘进工作面压入式通风风流流场数值模拟研究[D]. 江西理工大学, 2013.

[71] 李蓉蓉, 李孜军, 赵淑琪, 等. 基于 CFD 的高海拔矿山掘进面通风增氧方案优化[J]. 中国安全生产科学技术, 2020, 16(02): 54-60.

[72] 李孜军, 黄义龙. 高海拔矿山掘进工作面供氧通风数值模拟[J]. 安全与环境学报, 2020, 20(06): 2147-2153.

[73] Li Z J, Li R R, Xu Y, et al. Study on the Optimization and Oxygen-Enrichment Effect of Ventilation Scheme in a Blind Heading of Plateau Mine [J]. International Journal of Environmental Research and Public Health, 2022, 19(14). DOI10. 3390/ijerph19148717

[74] Li Z J, Wang J J, Xu Y, et al. The Effect of Oxygen Supply and Oxygen Distribution on Single-head Tunnel with Different Altitudes under Mixed Ventilation [J]. Indoor and Built Environment, 2022, 31(4): 972-987.

[75] 李蓉蓉, 李孜军, 徐宇, 等. 高海拔矿山掘进工作面局部供氧装置研究[J]. 中国安全生产科学技术, 2022, 18(10): 109-115.

[76] Li Z J, Zhao S Q, Li R R, et al. Increasing Oxygen Mass Fraction in Blind Headings of a Plateau Metal Mine by Oxygen Supply Duct Design: A CFD Modelling Approach[J]. Mathematical problems in engineering, 2020, 2020: 1-10.

[77] Li Z J, Li R R, Xu Y, et al. Study on the Oxygen Enrichment Effect of Individual Oxygen-Supply Device in a Tunnel of Plateau Mine[J]. International Journal of Environmental Research and Public Health, 2020, 17(16). DOI10. 3390/ijerph17165934

[78] Li Z J, Li R R, Xu Y, et al. Novel oxygen-enrichment method using annular air curtain for single-head roadway of plateau mine[J]. Building Simulation, 2023, 16(7): 1097-1113.

[79] 蒋民凯, 李孜军, 韩梓晴. 一种在矿山巷道中形成密闭空间的方法[P]. 湖南省: ZL111608728B, 2021-09-24.

[80] 李孜军, 李蓉蓉, 徐宇, 等. 一种高海拔矿山掘进工作面富氧装置及方法[P]. 湖南省: ZL111700759A, 2020-09-25.

[81] 李孜军, 李蓉蓉, 徐宇, 等. 一种用于高海拔地区的弥散供氧装置[P]. 湖南省: ZL110787383A, 2020-02-14.

[82] 李明, 李孜军, 潘伟. 一种局部人工增氧装置及方法[P]. 湖南省: ZL111853985A, 2020-10-30.

图书在版编目(CIP)数据

高海拔矿山掘进工作面通风增氧技术和装置研究／
李孜军，李明编著. —长沙：中南大学出版社，2024.1
ISBN 978-7-5487-4820-5

Ⅰ. ①高… Ⅱ. ①李… ②李… Ⅲ. ①掘进工作面－
矿山通风－研究 Ⅳ. ①TD72

中国国家版本馆 CIP 数据核字(2023)第 027524 号

高海拔矿山掘进工作面通风增氧技术和装置研究
GAOHAIBA KUANGSHAN JUEJIN GONGZUOMIAN TONGFENG
ZENGYANG JISHU HE ZHUANGZHI YANJIU

李孜军 李 明 编著

□出 版 人	林绵优	
□责任编辑	韩 雪	
□责任印制	唐 曦	
□出版发行	中南大学出版社	
	社址：长沙市麓山南路	邮编：410083
	发行科电话：0731-88876770	传真：0731-88710482
□印 装	长沙创峰印务有限公司	

□开 本	710 mm×1000 mm 1/16	□印张 16.5	□字数 311 千字
□版 次	2024 年 1 月第 1 版		□印次 2024 年 1 月第 1 次印刷
□书 号	ISBN 978-7-5487-4820-5		
□定 价	88.00 元		